元気な漁村

海を守り、にぎやかに暮らす

水口憲哉
東京海洋大学名誉教授

フライの雑誌社

はじめに

一九七九年、『反原発事典Ⅱ』（現代書館）に「根拠地としての漁村を破壊する原発」を書いてから、意識して漁村を考えるようになった。そして一九八〇年、千葉県夷隅《いすみ》郡岬町和泉（現いすみ市）に土地を求め、太東漁協での渡りのマダコの乗船調査を始めた。

一九八一年から八三年にかけて、漁村文化協会の月刊誌「漁村」に〈漁村時評〉を連載した。当時は一年のうち百日以上、日本各地の漁村を反原発で行脚していた。その後、漁村での暮らしを学生と共に体験しようと、町内の太東《たいとう》に合宿所をつくり、通うこともやった。

四十年ほど前に、太東漁協の参事が、漁獲物販売金額が米《こめ》の一億円をやっと超えたと言っていたのが印象深い。基本的には太東は農村で、冬のタコ漁は戦前は独占的で盛んであった。

二〇一八年の漁業センサスによれば、太東地区の販売金額は合計一億一七〇〇万円で、販売金額一位の漁業種類は、その他の刺網が一一経営体であり、その他の漁業のたこつぼ漁が二経営体である。

現在〇～一四歳の子どもはゼロで、あと十数年もすると漁業経営者はいなくなるのでは、と心配される。

大学定年退職後、合宿所を改装し永住した。筆者が暮らし始めて間もなく、我が家の斜め前に、父親が浦安の漁師だったというプロサーファーのOさんが、独力で立派な家を建てた。結婚し、今は中学一年を頭に四人の子どもがいる。意を尽くして子育てをしており、毎朝通学する子どもたちに老夫婦は元気づけられている。

この子たちがどんな大人になってゆくのだろうか。それがわからないのと同じように、漁村もどうなってゆくのかわからない。だから、ずっと元気な漁村でいることは難しい。

しかし、人の暮らしが、多様に変化しながら維持されていることも確かである。このように変化する漁村の中に、昔からあると言われている変わらないものとしての、相互扶助の働きをこれから考える。難問である。

しかもそれを個人史ではなく、漁村の歴史として、村落共同体の中に分け入るという未経験のことをやる。結果は読む人が決めるしかない。

水口憲哉

Ⅱ 元気な実例

III　しぶとく確かな生き方

Ⅳ　百年後の漁村へ

※漁業センサス　農林水産省実施。漁業の生産構造、就業構造、漁村、水産物流通・加工業等の漁業を取りまく実態を把握し、日本の水産行政の推進に必要な基礎資料を整備することを目的に、漁業地区すべての世帯や法人を対象に行う全国一斉の調査。１９４９年（昭和24年）に始まり、１９５４年（昭和29年）以降は5年ごとに実施。最新は２０２３年の第15次センサス。本書では漁業センサスの数値を分析して、日本の漁村の実情と将来の姿を見通すことを試みた。

※引用文献　　本文中に書名表示のない引用文献は巻末頁に一覧した。

本書に関連する主な地名の位置

Ⅰ章

1　養沢毛鉤専用釣場
2　九木浦
3　太地町
4　厚岸

Ⅱ章

5　石狩市
6　父島・母島
7　富山市岩瀬
8　浮島
9　南国市久枝
10　糸島市
11　奥武島

Ⅲ章

12　明石市、渡名喜島
13　重茂
14　常呂
15　姫路市坊勢
16　宍道湖
17　利島、渡嘉敷島
18　松輪
19　神津島
20　初島
21　尻屋

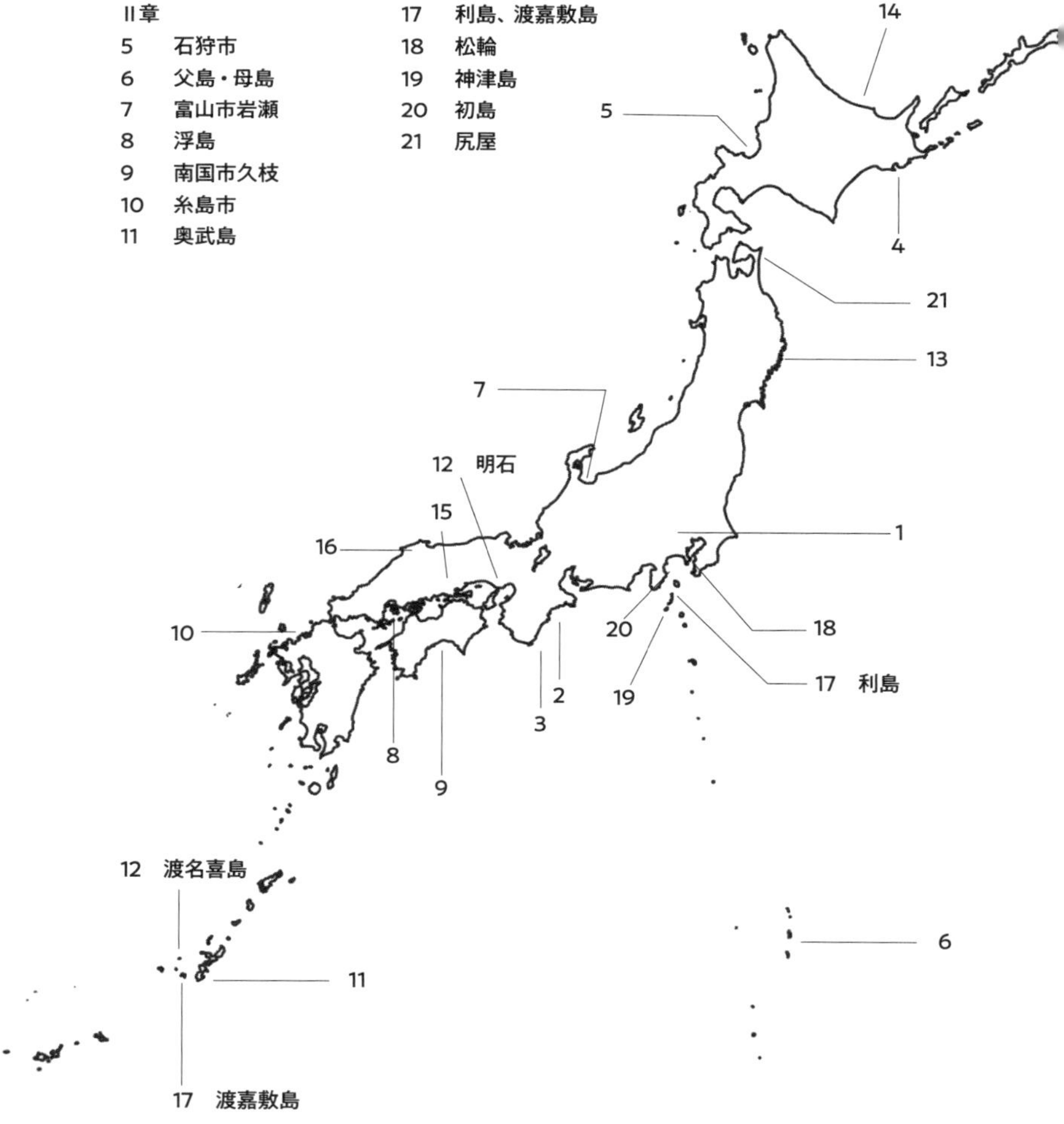

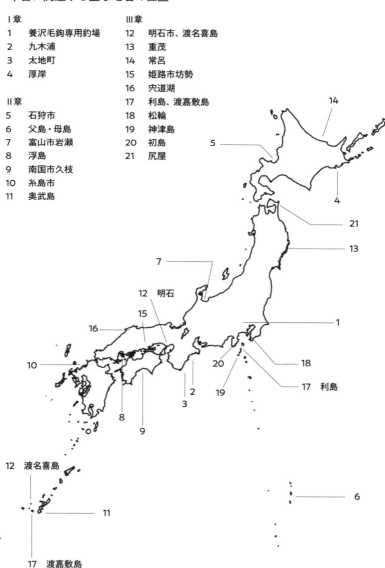

第1章

共に生きる知恵

1

元気な漁村

村張りの定置網、養沢毛鉤専用釣場

魚が減った、漁業は大変だ、水産業の先行きはないと言われている。これは間違っている。

魚が減った、漁業は大変だ、水産業の先行きはないと世間で言われている。しかし、これは間違っている。海面漁獲量が一一〇〇万トン近くで世界一の漁獲量であった一九八〇年代から、最近十年間は五〇〇万トン以下と大きく減ったのは事実だが、この内容を魚種と漁業の種類でていねいにふ分けしてみると、全く別のことが見えてくる。

大衆魚と言われるマイワシは、四〇〇万トンを超える一九八〇年代をピークに三万トンまで激減し、現在は十数万トン台になっている。この変動の原因は黒潮と親潮との関係など海洋環境の変化と考えられている。サバ類は一九七〇年代に一五〇万トンを超えて惣菜魚として好まれていたが、大型まき網による乱獲でつぶされてしまった。そして、その前の一九七〇年前後に北太平洋で三〇〇万トン近く獲れたスケトウダラは、二〇〇カイリ体制のもとのアメリカや旧ソ連との国際関係によって漁獲規制され、輸入に頼らざるを得なくなった。

このように、マイワシやサバ類を漁獲する大型まき網による沖合漁業と、大型底曳き船でスケトウダラを獲る遠洋漁業では、次々と漁獲量が大幅に減少していった。これら大量の魚は魚粉にして飼料用に、冷凍にして養殖用餌料にまわされているので、私たちの食用に不足を感じることはなかった。

遠洋や沖合の無差別、大量、大規模漁業で起こっていることと、十トン以下の漁船による釣りや刺網、はえなわなどの選択的、少量、小規模漁業で起こっていることは、分けて見てゆく必要がある。

沿岸で日帰りの漁で獲るアジ、サバ、ヒラメ、カレイなども、沖合での大規模漁業の影響によって減少しつつあるのも事実である。とはいっても沿岸漁業の総漁獲量や、海面養殖生産量は共に一〇〇万トン超を維持しており、元気である。

その沿岸漁業漁獲量の四割弱を占めるのが、定置網漁業による漁獲である。二〇一二年の内訳は、大型定置網二〇万トン、さけ定置網一二万トン、小型定置網一〇万トンである。これらの内、さけ定置網については昔からこれだけ獲れていた訳ではなく一九七〇年までは二万トンゆくかゆかないかであった。北洋漁業のエースとして戦前から、さけ・ますの多くが沖獲り漁業の流し刺網で、大量に漁獲されていたからである。

米国、旧ソ連、カナダとの漁業交渉により沖獲りが禁止されるにつれて、日本の沿岸にもどってくるシロザケの量がふえた。それを漁獲したために、北海道や東北地方のさけ定置網による漁獲量が一九八〇年代に五万トンから一〇万トンに増えたというわけである。

以後、人工ふ化放流事業の影響もあって一二万トンから二二万トンの間を変動している。

二〇一五年に公表された水産庁の調査によると、定置漁業権を免許された大型定置網は全国で一八一六、うち北海道が一一〇八である。続いて、岩手八二、富山七九、石川七三、長崎五七と続き、三〇以上は宮城三五、福井三八、新潟三〇、京都三二、三重三五、高知三三である。

西日本の大型定置網は主にブリ狙いで歴史が古い。大型定置網は大敷網《おおしき》、大謀網《だいぼう》とも言われるもので、沿岸を回遊移動する魚群を垣網《かき》で誘導し、身網《み》という大がかりな網のわなで捕獲するものである。身網の水深が二七メートル以深のものを大型定置網という。

この大型定置網の漁獲量がこの三十年あまり減ることなく安定しているのが、沿岸漁業は元気に健在であるということの、大きな理由である。

なぜ全国の大型定置網の総漁獲量が安定しているのか。
①ブリ、クロマグロ、マイワシ、サワラ、マアジ、ウマヅラハギなど多様な魚種が増えたり、減ったりしているが、それらが各地で入れ替わり、立ち替わり漁獲される。お金になるものだけでも毎日十種類以上が獲れる。
②回遊するものが主だが、各定置網の近くの海域に付いている魚群もあり、それらが毎年増えたり減ったりしている。
③魚群を追いかけ回して獲るのではなく、待って獲る漁法であるため乱獲にならない。

④　大型定置網の数が百年近くそんなに大きくは変わっていないということである。理由としては大型定置網のよく獲れて経営的にペイする漁場が特定され限られていること、急潮、台風、大時化などにより、一億円を超える仕込み（設備投資）を失うこともあるリスキーな漁法であることなどがある。

⑤　結果として言えるのは、生物多様性を維持的な漁法で獲り続けているということになる。この商売は、百貨店（デパート）と同じで、人（魚）の往来の多いところで、多種の商品（魚種）を扱っている。もう一つ似ていることは、二月と八月に客の入り（漁獲量）が少なくなり景気が悪くなることである。

このリスキーで億を超す設備投資を必要とする、大型定置網漁業を経営するのはどんな人たちなのだろうか。大型定置網を営む漁業権の免許については、競願した場合の優先順位というのがあって、現在は「地元漁民の七割以上を含む法人」が一位である。このような要件を満たす法人というと漁業協同組合ぐらいしかない。

漁協自営の定置網が圧倒的に多かったのが、一時期の京都府である。たとえば一九九〇年、田井《たい》、成生《なりう》、養老《ようろう》、伊根《いね》、新井崎《にいざき》、蒲入《かまにゅう》、島津《しまづ》、浜詰浦《はまづめ》、湊《みなと》の九漁協について組合自営定置網の経営実態が京都府立海洋センターから報告されている。舟屋《ふなや》で有名な伊根をはじめ、多くの漁村は次に述べる村張りの定置網で戦前は有名であった。現在は一、二の組合自営を除いて、個人や会社など他の法人の経営になっている。

なぜ戦後の数十年組合自営になったのか。筆者は、一九五〇年から七期二十八年続いた革新知事、蜷川虎三の府政が大きく影響したと考えている。

これに対して旧態依然というか、明治の昔からの村張りで、全県的にがんばっているのが高知県である。この成り立ちについて述べている島村泰吉さんの「漁村に生きる知恵―室戸岬・三津集落の場合―」（「土佐地域文化」第六号、二〇〇三）が村張りの本質をよく教えてくれる。少し長いがその部分を引用する。

2　一戸一株制の共同経営

◯一戸一株制のはじまり

室戸岬東岸の先端から高岡、三津《みつ》、椎名《しいな》と続く三つの集落は、漁業に生きる浦であり、漁業生産のほとんどを定置網（通称大敷網）が占めている。三津の平成13年度全漁獲高に占める定置の割合は88％、約9割を占めている。この定置網経営は戦前から一戸一株制という他の漁村と違った形が続けられている。

芸東（現在の室戸市東洋町）沿岸に大敷網が敷かれるようになったのは明治28年（1895）ごろである。椎名の多田嘉七は津呂捕鯨の役員として足摺岬へ行くことが多かったが、当時幡多郡沿岸に敷かれていた伊豫《いよ》式の大敷網を椎名に導入した。

このとき、多田は漁業利権を私有化することなく、当時の椎名集落の全戸105戸にそれぞれ一戸一株を与え、集落全体の共同経営の形を取り、これが現在に続いている。

三津は明治34年（1901）ごろ大敷網が導入され大敷組合が経営していたが、その株は偏在し、株を多く持つ家、少ない家、持たない家とばらつきがあった。

そこで、昭和5年（1930）三津漁業の中核をなす長〓沖《ながはえ》漁場の賃貸期限が切れて、経営権が貸してあった大東漁業から地元に移ったとき、集落内に大敷組合の株を椎名にならって一戸一株にせよという声があがり、一戸一株制の新しい大敷組合が出来た。結成時の組合員数は112人であり、ほぼ三津の全戸が加入した。

◯一戸一株制とは

一戸一株というのは藩政時代の村張り漁にその基盤があるように思う。室戸岬を三津から山越えに下った岬の西岸の浮津・津呂集落の捕鯨業にその形態が見られる。子どものころから捕鯨組に入り組より扶持米を支給されて生活してきたのが浮津・津呂浦であり、他浦の介入を許さなかった。明治になって捕鯨の経営権が浦の有力者たちに握られようとしたとき、地下人がこれに反対し、暴力事件や裁判ざたになったのは、捕鯨が浦全体のものであるという考えからきている。

近世の漁村では、地先の海は村人の共有であるという考え方があった。大敷網という近代的な資本制の漁業が導入されたとき、その経営権は浦全体が持つべきであるという考えが生じるのは当然である。まして、大敷網は回遊魚の通路をさえぎり、在来の各種漁業の消滅を招くという側面を持っていたから、なおさらである。

こうした背景から生まれた当時県下でもまれな大敷網の経営形態はどのようなものであるかを略述する。この株は

1、一戸に一株を与える

2、売買譲渡を禁じる

3、株主としての義務を果たすこと

などが定められている。昭和5年一戸一株の組合が出来たときの112人の組合員の資格は、その家に与えられたものということができるので、株主が死亡すれば当然その相続者が株主となる。

一戸一株制の大敷網経営は、浦の住民に平等に富を分配し、生活を安定させたのである。個人が集まって大敷生産組合をつくっても、法人としての登記ができなかったり、法人登記をしないために法人格を有しない。このような村張りの定置網経営団体は人格なき社団として免許の優先順位は低い。

二〇〇七年に「定置網漁業における経営組織に関する研究」で東京海洋大学大学院において博士学位を取得した山内愛子は、一九九八年時点で全国の村張り的人格なき社団の経営体数は、概ね全体の一〇パーセント、二〇〇件前後であると推測している。

分布状況には地域差が強く、北陸地方、紀伊半島、高知県ではこのような組織の割合が高いという。紀伊半島東岸熊野灘沿岸はリアス式海岸で、三重県には昔から村張り定置網が多かっ

たのだが、優先順位や税務面から行政の指導でほとんどが法人化してしまい、現在は人格なき社団は消失してしまった。

その一つ三重県尾鷲《おわせ》市の九鬼町《くきちょう》には、九木浦共同《ともどう》組合というのがある。協同組合の「協」は三人で一人の人を支える意味もあるらしく、「共」は皆が平等にという意味なので面白い。この共同組合の成り立ち等については現在究明中なのでそのうち知らせることができればと思う。

村張りの定置網について「フライの雑誌」編集人と話をしていたら、それって養沢毛鉤専用釣場の成り立ちと似ていませんかとの反応。

多摩川の支流秋川のさらに支流養沢川に、フライフィッシャーとして惚れ込んだGHQ法務部所属の弁護士トーマス・レスター・ブレークモア（一九一五～一九九四）が、四キロ区間の清流を自己資金で借り上げて魚を放流し、毛鉤専用の釣場を開設した。一九五五年六月のことであった。しかし、ブレークモアも日本を離れることになり、この釣場の運営を地元の養沢地域（自治会というより旧来の村落共同体）に委ねた。その後、この釣場は養沢地域の人々が結成した社団法人トーマス・ブレークモア記念社団により管理運営が行われ、現在に至っている。

村張りの定置網は、現代において漁業協同組合とは異なる集落（村、町の一地区、百年前の村）として、大型定置網を経営することである。村と漁協の関係性はどうなっているのか。

本書で取り上げる〈元気な漁村〉はほんの一例で、他にもたくさんのどっこいやってやるぜの漁村がある。そんなことを考えながら「漁村の相互扶助論」の究明に取り組んでいる。

2

共同組合はかっこいい

助け合いとつながりで時代を乗りきる

共同組合とは庶民が智恵をしぼった、世の中のしのぎ方である。

1では、〈村張りの定置網〉として、高知県室戸岬東岸の椎名や三津について考えてみた。一戸一株制、リスキーな大型定置網経営団体としての大敷網生産組合という人格なき社団、そしてそのことと深くかかわっている定置網の漁業権免許における優先順位といったことを考えた。その最後に、三重県の九木浦に共同組合というものがあったとしている。

今回はその共同組合に迫ってみることにする。これを「ともどう」と読むのは久木浦など三重県に限ったことのようで大部分が「きょうどう」と読んでいる。

大敷網の経営組織としての共同組合の存在は三重県に固有のものだと思っていたら、現在は高知県に一番多かった。二〇一八年秋の漁業権一斉更新時における定置網の漁業権者や経営組織について高知県定置漁業協同組合に教えてもらったところ、村張りの定置網が九ヶ所あり、そのうち三ヶ所が共同大敷組合を名乗っていた。

他の六ヶ所は地域名の後に大敷組合とつくのだが、中には間に共同ではなく共栄と水主《すいしゅ》とつくところもあった。そして村張りの定置網の現代版ともいえる漁協自営が一ヶ所あった。株式会社（二）と有限会社（一）という法人組織免許を受け、経営している定置が三ヶ所あった。

これらの他に個人が免許を受け経営している定置が八ヶ所あった。ただし、それらのうち七ヶ所は大敷組合の名義になっている。これは村張りでやってきたのだが経営が維持できず、所有権が個人に移ったのではないかと考えられる。椎名と三津は、今なお大敷組合として村張りの定置網が健在である。岡林正十郎（一九九三）の「高知県定置網漁業史」では、一九九〇年前後に共同大敷組合は五ヶ所存在していたが、一ヶ所は漁協自営となり、一ヶ所は二〇一七年急潮被害で再起不能となり廃業している。

大敷組合の前に共同とつこうがつくまいが、村張りという点については本質的に変わらないようである。

九木浦のある三重県はどうであろう。まず元祖である九木浦共同組合について尾鷲市九鬼町のＨＰで見てみる。

九木浦共同組合が組合員数六三一名で設立されたのは一八九〇年（明治二三）であり、一九〇九年に定置漁業権をこの組合で譲り受け、九木浦共同定置漁業組合を設立した。一九五四年には共同組合の山林、土地を経営すべく九木浦生産森林組合を設立した。そして二〇〇三年には、九木浦共同定置漁業組合を、新たに九鬼定置漁業株式会社として設立し、定置漁業権を取得した。

そして二〇一八年秋の定置網漁業権一斉更新の結果は、三重県では株式会社が一四と漁業権取得者中最多で、有限会社三、個人四で共同大敷組合は長島のみであった。長島共同大敷組合に訊ねたところ、法人化については現在検討中ということである。

三重県定置網漁業誌（一九五五）によれば、七十年前の漁業法制定時には、定置網漁業権取得者中、共同大敷組合または共同組合が一二で最多であり、次いで漁業協同組合が五、大敷組合などが四であった。

大型定置網の経営組織を大敷網組合や共同組合といった任意団体ではなく、それらを法人化して優先順位を上げるようにと、行政はこれまですすめてきた。漁業協同組合自営をどれだけすすめてきたかは知らないが、漁業者の側には村張りを維持できれば、という思いもある。しかし、組合自営はむずかしい。結果として共同組合の構成員（すなわち漁協組合員でもある）が株主となる株式会社を組織するということになる。

二〇二一年の漁業法改変で国が新自由主義的に沿岸漁業への株式会社の参入を推進しているのとは別に、水産庁や県の水産行政は地域の共同組合の構成員が株式会社の株主になって、地域共同体的つながりのもとに定置網が維持されるのを、期待しているようにも見える。

高知の〈村張りの定置網〉は、近代化という資本主義の流れからのお目こぼしの結果として共同組合を持続しているとも言える。上からの統治と下からの共同（自由と平等）のせめぎあいの結果とも見ることができる。

なお、歴史の中での共同組合の登場を文献的に調べてみると一八九〇年（明治二三）に岩手県重茂《おもえ》の定置網漁業権をめぐって、宮古町外壱町三ケ村住民共同漁業組合が設立されている。同じ年に九木浦共同組合が設立されてもいる。この同じ時期に北と南でどのようなことが起こっていたのだろうか、もう少し調べてみる。

定置網関係の名簿を見ていたら、和歌山県定置漁業協会の構成員として、太地水産共同組合というのがあった。さっそく連絡してみたら、県内では共同組合は〝うちだけ〟であり、〝百年以上前からの歴史がある〟ということだった。太地漁業協同組合内に太地いさな組合という小型鯨類を対象とする追い込み漁業共同体もあるようだ。詳しい成り立ちを聞くと、〝太地町が水産関係の詳しい本を二〇一九年四月に出版する。〟とのことだった。

二〇一八年、辺野古の米軍基地拡張工事が埋立用土砂を搬入する場所として、沖縄県最北部、国頭村《くにがみそん》の奥《おく》地区が選ばれた。住民や支援にかけつけた沖縄県民などの反対にもかかわらず強行された。三十年ほど前、筆者はこの奥にある共同店で、奥緑《おくみどり》という日本最南端で栽培された緑茶を購入したことがある。

沖縄の共同店というのは、食料品、日用雑貨などの仕入れ販売の他に、農産物の共同出荷、電話の取次（昔々のこと）、金銭の貸付けなども行う、地域にとっての本当の意味でのスーパーストアである。奥共同店は一九〇六年（明治三九）開業で日本最古と言える。共同店は農協や生協と似ているが法人組織ではなく、村張りの大敷網生産組合や共同組合と同じ任意団体として、住民集団の合意でつくられている。法的には個人商店と同じ扱いを受ける。沖縄本島北部の高江共同組合や竹富島の大富《おおとみ》共同組合売店もそうだが、共同組合運営の売店としての共同店は地域の人々手作りのコンビニともいえる。

このようなことを、沖縄県大宜味村《おおぎみそん》の眞喜志敦さんが事務局を務める「共同売店ファンクラブ」ブログで知った。二〇一二年二月二九日の〈協同組合と共同売店その2〉には次のようにある。

共同売店→産業組合→農業会→配給所→共同売店→農協→共同売店

組織替えすること実に6回、結局は共同売店。

独自路線を貫いた国頭村の各部落もすごいですが、国策や時代の流れに翻弄されながらも、生活を守り、生き抜いてきた大宜味の先達たちのたくましさ、したたかさ、大らかさにも打たれます。

そして忘れてならないのは、今なお農協の地域からの撤退は全国で進み続けており、買い物弱者と呼ばれる人たちも増え続けていること。それを受けて、住民自ら立ち上がり「住民出資の店」の設立が相次いでいることです（詳しくはこちら）。

沖縄の共同売店と奄美の地域商店、そして上記の住民出資の店は、法律上の位置づけでは、株式会社、有限会社、合同会社、ＮＰＯ法人、任意団体（任意の組合）と様々ですが、実際の運営

形態で言えば間違いなく協同組合です。（協同組合としての優遇を受けていいはずです）
産業組合法から112年。大宜味の人たちが共同売店に戻したように、各地の人たちが「協同組合の原点」に帰ってきているように見えるのは、私だけでしょうか？

農協が撤退というか廃業せざるを得ない流れの中で、元気な東京都利島《としま》の東京島しょ農業協同組合利島店の話をする。

同組合の八店（支所）のうち四店（島）が二〇一七年度廃店したが、利島店は八丈島、父島、母島と共に健在である。現在の正組合員五九、準組合員一四で、同店の主事業である椿油の生産出荷にかかわる椿畑や、敷地内に椿林をもっている島内の家のほとんどが、漁協組合員も含めて農協に加入しているようである。

農協利島店に行くと、奥共同店のようなムードにつつまれる。利島村の人々の共同組合売店といっても間違いない。なお岡（二〇一三）によれば、利島は日本の市区町村の中で一番自殺の少ない村である。人々の関係が居心地よく暮らしやすい。

農協売店が無くなった地域にできた住民出資の店が、前記ブログの（詳しくはこちら）に「全国に広がる住民出資の店 その5」として詳しく紹介されている。二〇一一年一〇月現在の沖縄・奄美を除く地域の全国一一例についてのもので、宮城県から大分県まで多様で、大分県中津市の店は「ノーソン」と、名前からしてユニークである。

東京都の御蔵島《みくらじま》では、ヤマグルマの樹皮をはぎ取りトリモチ（黐《もち》）を製造し、東京市場へ出荷することを一九〇五年（明治三八）頃から行っていたと、二〇〇六年発行の『御蔵島島史』に書かれている。いったん中止したが、一九三七年（昭和一二）に御蔵島共同組合の事業として再開されたとある。

この黐製造を主事業として、同年に設立された共同組合は他に椿植林や椎茸栽培を行った。一九四三年に設立された森林組合や木材生産組合などとは別に、組合員七六名という島ぐるみの共同組合である。御蔵島には以前から漁業組合はあったが、一九四四年に戦局が悪化するなか政府の指示により新しく漁業会に改組した。漁業組合は組合員五七名であった。

要は、国や法の規制のもとで生産販売するためには、漁業組合や森林組合をつくらなければならなかったが、島民（村民）が共同で行う事業に必要な人の集まりとして自発的につくったのが、共同組合ではなかったかと考えられる。

以上、漁業とは直接関係のない地域の人々の助け合いのつながり方としての共同組合の例を見てきた。漁業者がつくった助け合いのつながりとしての共同組合の例を見てみる。

東京内湾の大規模埋立てと漁業権全面放棄の経過は『東京内湾漁業興亡史』（一九七一）に詳しい。その後の漁業者の生活についてや共同組合のことなどを知人に話したら、大田区のＨＰから産業団体の名簿というのを探して教えてくれた。

まず東京都内湾域の漁業組合（団体）は明治時代から、漁業組合、保証漁業共同責任組合、漁業会、漁業協同組合と離合集散しながら変化してきたが、一九六二年一二月の補償後、一九六四、一九六五年に一度解散した。しかし海面はまだ存在しているので自由漁業を営む人々は新たに、大田区から江戸川区の東京東部まで六つの漁業協同組合を結成し、東京都から法人として認可された。

そして大田区沿岸には、大田漁業協同組合以外の水面利用者の漁業団体として共同組合がいくつも結成された。その実態をいくつかの事務所や区内の図書館を訪ねて調べた。その結果、共同組合について文書として明確に記載されているのは大田区発行の「羽田空港に関する対策の経過」という年次報告書で、二〇一八年三月発行のその（44）には大田区内漁業組合として次のようにあった。

法人格を有しない任意漁業組合として、羽田雑漁業共同組合、羽田漁船共同組合、糀谷漁業組合、大森東雑漁業共同組合、大森漁業共同組合とに分かれました。―中略―法人格を有しない五つの任意漁業組合は、大田区五か浦漁業共同組合連合会を組織しました。また、この組織とは別に大森漁業共同組合から分かれて独立した大森漁業組合と平成七年四月一日に新たに設立された京浜漁業共同組合があります。

今回調べたところ、これら五つの共同組合のうち実体はともかく形式的に存在しているのは、二組合であった。

この百四十年ほどの間に、時代の厳しさに対応して地域の人々が時代を乗り切るために「共同組合」という名の組織をつくってきた。

その形態や内実は多様であるが、共同組合というのはある意味庶民が智恵をしぼった結果としての、世の中のしのぎ方ともいえる。何か必死になってつくったもののようにも思えるが、実は夢のあるかっこいいものでもある。

そもそも、共同組合というのは上や行政から言われてつくるのではなく、人々（下々）が必要にせまられて勝手につくっている団体といえる。

それゆえ、お上（国や県）の意向とは関係ないので、法的な規制もなくお上の言うことに従う必要もない。その代わりに保護はされておらず、助成や補助の手当てもされない。

まさに住民の自主的自立組織であり、したたかで役に立つのである。

3

漁村の相互扶助、その実例

均等配分と寄付で成り立つ仕組み

漁村として自主自立の精神で人々が助け合い、元気に暮らしているのが、和歌山県太地《たいじ》や青森県尻屋《しりや》である。

和歌山県太地町にお願いして『太地水産共同組合の百年』（二〇一九）（以下、『水共百年』）を送ってもらった。全三三五ページでB5判としゃれている。本書I章1では漁村に生きる知恵として、〈村張りの定置網〉経営に見られる一戸一株体制による村の住民に平等に富を分配する、一八九五年頃からの高知県の歴史を見た。これが捕鯨に見られる扶持米の支給の仕組みと、藩政時代の村張り漁とが合わさってできたことを知った。

第I章2では一八九〇年に設立された三重県尾鷲市の九木浦共同《ともどう》組合から始まって、各地の共同《きょうどう》組合の多様な存続の仕方を検討した。高知県では現在も三ヶ所の定置網の経営体が共同大敷組合を名乗っていることが分かった。太地町では百年の歴史をもつ水産共同組合（以下、水共）が健在であることが分かった。そこで『水共百年』を読み解こうという訳である。

第I章1で述べた〝村張りの定置網は、近代化という資本主義の流れからのお目こぼしの結果として共同組合を持続している〟のとは少しちがった、共同組合の実像が見えてきた。

九木浦共同定置組合と、太地水共との関係や相違点を考えてみる。『水共百年』を中心に『太地町史』（一九七九）で補足しながら検討する。

太地村（現在は町）は当時も今も、和歌山県東牟婁《むろ》郡（串本町や白浜町は西牟婁郡）にある。三重県の紀伊長島町から県境の鵜殿村までは、北牟婁郡と南牟婁郡に分かれていた。太地では水共設立の前に南北両郡の実地視察を、村会議員であり漁業組合の理事でもある坂口保太郎が行っている。共同組合の大先輩である九木浦も訪れている。

結果、一九一六年（大正五）設立時の水共規約案には、九木浦共同組合ならびに錦浦共同組合（高知県）の規約を参考にしていたという。

しかし、太地と九木浦では大きく異なることがある。一九五四年発行の太地町公民館報の「鯨夢」と題する編集後記で、旅先の宿の浴槽で落ち合った二人の九鬼人との会話から知ることができる。太地の人々に水共の意義をよく納得させ、維持させせようと思わせる内容を、『水共百年』で桜井敬人は分かりやすく紹介している。

太地でも九木でも、一世帯一株という平等な出費と持分に限定する制度によって定置網が運営されているのはほぼ同じだが、定置網の利益を、九木では積み立てることなく組合員の間でほとんど分けてきたのに対し、太地では、剰余金の一部を配当として組合員の間で分けた時代もあったが、たいていはその大部分を様々な公共機関、団体、施設に寄付して、網の利益が間接的に全町民に行き渡るようにしていた。

この、漁業による利益を公共機関や公共事業に寄付するということが、今回のテーマの一つである。なお九木浦では、定置網や森林の大本というか九鬼地区全戸をカバーする九木浦共同組合で、地域運営の公共事業や福祉事業そのものをやっていた。

太地水共の寄付について、特筆すべき二点をまず見る。町史の第九章「漁業のあゆみ」第一節「自然条件にめぐまれた太地浦」、第二項「相互扶助の精神で結ばれた漁村」に、〝村民の寄付に対する回答〟という一九〇六（明治三九）一月二八日付の面白い文書がある。

村予算に計上されている村民の寄付の多さを、監督官庁が不審として調査した時のもので、往古より行われている群来のムロ、カツオ、マグロ、ゴンドウクジラなどの回りモノを漁獲しての寄付で、今さら沿革とか理由もなくやめるつもりもないとの内容。

漁村における公共機関や公共事業（現代風に言えば社会的共通資本）への寄付について、二つの例を紹介する。

青森県三厩《みんまや》村から竜飛《たっぴ》岬に至る十二キロの区間には十四ヶ村ある。中でも宇鉄《うてつ》村はアワビ漁で有名で小学校や役場に多額の寄付をしていた。この区間の道には山から海に向かってせり出している十三ヶ所の岩脈がある。そこにトンネルを掘削する工事費用のために一九二三年から六年間にわたり、二、三台の潜水器を使い、一、二年おきにアワビを採捕した。千葉県の器械根《きかいね》のような乱獲にならなかったことに注目していたが、村と公共事業への寄付という点で大変なことである。

大分県姫島村では、村と漁協の命運をかけて一九六五年姫島車えび養殖株式会社を設立し、三十年後には一企業体としては日本一の生産量となったが、株式配当はほとんど行わず、資本金の四一％を出資する村や漁協へ利益を寄付している。後者は国に納税するのではなく、寄付行為で節税になると同時に、村民に還元する役目も果たしているのは事実である。

伊豆ではテングサ漁が盛んな頃、小学校を寄付していたという話を思い出し、『伊豆の天草漁業』（一九九八）を見た。第四章「天草漁業とその経営」の二項「白浜の天草漁業」（七七～一〇二頁）に、元下田市漁協組合長の金指《かねさし》専一氏が、収益の均等配分や寄付のことを詳しく書いていた。

この金指報告と『水共百年』を参考に、太地と白浜（静岡県下田市）について、村でやっている均等配分と寄付の成り立ちと、世間というか社会の見方を比較してみる。

まず白浜では、廃藩置県後まもなくからやってきたやり方を、順次村として議会の承認を得ながら整えてきたというだけで、何もむずかしいことはない。いっぽう太地も高知県の〈村張りの定置網〉で行われてきたことをやっている。それは、先述の町史の二「相互扶助の精神で結ばれた漁村」の項における次の結語によく示されている。

往古から太地浦の漁業経営は、相互扶助の精神と共有的経営をバックボーンとして発達したもので、したがってそこには、大きな網元も育たないかわり、さしたる貧富の差のない村として育て上げられてきたのである。ここに太地浦の特性を見出し得るといえよう。

『水共百年』の巻末に収録された論文で、市原亮平（一九六〇）「移民母村の漁業構造と人口問題・・和歌山県東牟婁郡太地町の実態調査報告(2)」（関西大学経済論集10(2)）は、水共設立を主導し地元民を指導した六人の人々は、海外で働き実地に自由主義イデオロギーに接した成功者や、東京や大阪で大学卒業後社会主義者となり片山潜《せん》のもとに出入りした、大逆事件後の弾圧に苦労した活動家たちであった、としている。

太地と白浜の二つの漁村で、均等配分と寄付の組織というか仕組みが漁獲し利用した水産資源が、太地では定置網で漁獲される回遊魚などヨリモノであり、白浜では天草など海藻類という磯根資源と大きく異なっている。しかし共に、総有の漁業権で管理維持できる漁法で利用できる資源だということが重要である。均等配分の比率や金額、そしてその総額における寄付との割合などは、時代により漁模様によりそれぞれ独自に変わるので、比較しにくい。

それぞれの村でやっているこのような仕組みというか暮らし方を、村外や都会の人、そして研究者はどう見ているのか。

『水共百年』の中で、市原（一九六〇）は〝自治体社会主義〟と考えて主張しているが、それに対する異論は出ていない。また他の研究者やメディアがとやかく言ったとも聞かない。外見は〈村張りの定置網〉と同じで、特異なことでもなく、村外の人には実態が見えにくく、関心を呼ばないためかもしれない。

白浜の場合は、一九三二年、『黒船』九巻六号で「天下の共産楽土と歌はる丶白濱村の諸問題」の冒頭、斧水生が「何が故に白濱村が共産村であるか、一口に云へば天草の収益を村民に平等に分配して、村民はこの金によって生活を補助され居るからである。」と言い切っている。

これ以前にもこのような言われ方をしているのかもしれないが、戦後には研究者も、「かつては原始共産制の村とか、共産村落と言われた」と書いている。対して金指（一九九八）は、「社会学者から〝変形共産村〟と言われた白浜であるが、その是非はともかく」と延べ、村民は怒っているという意見も記している。

ここで、相互扶助や共産村という言葉の、世間（社会）での関心のもたれ方と拡がり方に関係のありそうな事柄について整理する。

一九〇二年　クロポトキン、ロンドンで『Mutual Aid』（相互扶助論）を出版。
一九〇八年　白浜村で村営の天草漁開始。
一九一〇年　幸徳事件起きる。多くのフレームアップもある大逆事件の一つ。
一九一六年　太地水産共同組合設立。
一九一七年　大杉栄『相互扶助論』を翻訳出版。Village Community を「共産村落」と和訳する。

一九二〇年　クロポトキン研究の森戸辰男の筆禍事件起きる。
一九二二年　特務艦労山、青森県尻屋で座礁。乗組員が門司の新聞に「共産部落」と語る。
一九二七年　田村浩『琉球共産村落の研究』を出版する。
一九三一年　田村浩『農漁村共産体の研究』を出版。尻屋を詳細に研究し報告。
一九三二年　斧水生、白浜村を「共産村」と断言。

白浜、太地、尻屋はみな相互扶助で助け合っている昔からの村落であるが、白浜と尻屋が特別に、共産部落とか共産村と呼ばれた。大杉栄の「共産村落」という和訳のせいかもしれない。なにしろベストセラーとなり多くの人に読まれた。

共産村落の原語、Village Community は、現代では「村落共同体」と訳す。小学館のデジタル大辞泉ではその意味は「近代社会成立以前の、土地の共有や共同利用を基礎とし、成員の地縁的な相互扶助と規制によって営まれる閉鎖的、自給自足的な共同体。」とある。他の村落共同体についての解釈も大同小異で、相互扶助は重視されているが均等配分までは言われていない。

研究者の関心が農村中心なので、相互扶助と均等配分が漁村では当たり前でよく見られるということが、あまり言われない。

また Community は共産ではなく、ＥＵの前身ＥＣ（欧州共同体）の「共同体」と訳すのが普通である。沖縄県産業課長や青森県農務課長を歴任しながら右に挙げた研究活動で経済学博士となった田村浩の沖縄県における研究論文を編んだ『沖縄の村落共同体論』の解説で、与那国暹《のぼる》（一九七九）はその点を詳細に検討している。

戦前から日本の農山漁村をよく訪ね歩いて、クロポトキンの『相互扶助論』をも読み影響を受けていたと言われる柳田國男や宮本常一は、昔からどこにでもあることを何を今さら騒ぐのか、と思っていたのではないだろうか。

土地の私有化、資本蓄積、農地解放などに関する論議の中で、村八分などにつながる「むら」（村落共同体）は、古いもの、否定されるべきものとして世間では見られている。マルクス・エンゲルスの原始共産制に対する〝おくれたもの、すたれてゆくもの〟という考え方も加担して、農村で代表される「むら」は、研究者の大部分や都市の人々からはミソクソに言われてきた。

しかし、漁村は違う。合併を拒否し、漁村として自主自立の精神で人々が助け合い、元気に暮らしているのが、太地や尻屋である。その生活を根底から支えているのが、私有化されない総有の漁業権である。農村ではこの総有の権利というのは、ほとんど消滅している。

昔の村と漁業協同組合とが、組織としても構成員としても一体化しているところに付与される共同漁業権が、漁村における資源維持の要である。

太地の『水共百年』ではそのことを深く考えさせられた。

4

先住民の知恵

アメリカ先住民、アイヌの人々の資源利用と漁業制度

アイヌの人々は集落の地先の海面を〝なわばり〟として維持的に賢く利用した。

アーサー・マッケボイ（一九八六）の『漁師の難問　カリフォルニア漁業における生態学と法一八五〇〜一九八〇』を読んだ。マッケボイは、一九九八年には合衆国農業局のシンポジウム「資源管理者のための維持的考え方」で「カリフォルニア漁業における生態学、生産、そして管理の歴史的相互依存」を講演し、印刷公表されている。

これらに一貫して登場する生態学は、自然環境（海況）の変動、生産は漁獲量変動の実態。そして法、認識、管理は州や国家がどう対応するかというものである。筆者が現在キンメダイ問題に直面し、まとめようとしていた〝漁獲量変動を考える〟を完全にカバーし、さらにそれを上まわって深く考察していた。アメリカの法学者がここまで見切るかと水産研究者のハシクレとしては脱帽するしかない。

『漁師の難問』であるが、全十一章のうち、第I部〈坑夫（鉱夫）のカナリア〉の第二章「原住民

の漁業管理」、第三章「インディアン漁業の商業化」と、本文二五五ページ中の四六ページが、アメリカ先住民の漁業に充てられている。本書ではアメリカ先住民としているが、彼ら彼女らが暮らし始めたときは当然、アメリカという国家は存在しなかった。アイヌの人々にとっても同様に、日本という国家はなかった。

カリフォルニア沿岸では一九世紀中頃のゴールドラッシュ時代と共に、①中国人のイカ類とアワビの漁業、②ニューイングランドからの人々によるサケ類、③イタリア人の沿岸域における魚市場向けの様々な魚貝類、④ポルトガル人の捕鯨業および様々な人々によるカタクチイワシ（アンチョビー）とマイワシ（サーディン）のイワシ漁等が始まるが、それに先立って、古くからのアメリカ先住民の漁があった。サケ類を中心とする漁における人々の取り組み方というか考え方が一番知りたかったのだが、マッケボイは二一ページに次のようにまとめている。

彼らは生活の頼りにしている漁業での利用状況を慎重に管理するようにした。どのようにしてインディアンがそのようなやり方を学んだのかの歴史を知ることはできない。それは手間と時間のかかる、そして多分失敗の対価を払うものであったものではないかと、推定せざるを得ない。

しかし、彼らの活動の記録から、インディアン共同体は彼らの漁獲とそれを生み出す環境の収容力とのバランスを、結局は学んだものと考えられる。長い間、漁をするインディアンは、彼らの蓄積された資源を彼らの生計のために安定的に長期間確保できるように、資源利用の仕方を注意深く調節したものと思われる。

　ある場合には、大きく変動する季節的な食事の内容において魚の量を減らし、頼りになるものとして生産量を制限した。また別の場合には、魚が彼らの生計に致命的になったとき、法的秩序と宗教的遵守による複雑なシステムによって漁獲量を注意深く制限した。相対的に西からの人々と接触した時には、カリフォルニア・インディアン社会の古代人的安定性は、彼らの戦略の効果のほどを大いに示した。（筆者訳）

　アメリカ先住民はアイヌの人々と同じように、文字による記録を残さなかった人々だが、マッケボイが目を通した、ぼう大で綿密な調査研究の蓄積には驚かざるを得ない。

　ショックだったのは一八世紀中頃西からの白人との接触により、ヨーロッパの伝染病に免疫力のないアメリカ先住民の漁をする人々が多数死亡し、接触前に北西カリフォルニアに三一万人いた人々が、一八八〇～一九一〇年には一万六三五〇人に激減してしまった。日本の漁村の人口変動を考える時に、子殺しその他の人口調節策が気にかかるが、その点についても充分に目配りしたうえでの、二〇分の一に減少という数字である。

　バリー・フェル（一九七六）『紀元前のアメリカ　古代アメリカの移住者たち』（喜多迅鷹・元子訳、一九八一）は、紀元前にケルト人、ケルト・イベリア人、リビア人などが大西洋を渡ってアメリカ東海岸に到達し、岸伝いにミシシッピ川を遡った記録があることを示した本である。

『紀元前のアメリカ』はコロンブスがアメリカ大陸を発見したという見方がすっかり定着しているアメリカの人々にとって、見たくない、知りたくないことなので、全く無視されているといってもよい。

しかし、グリンデとジョハンセン（一九九一）「自由の手本：アメリカ先住民と民主主義の進化」（星川淳訳二〇〇六『アメリカ建国とイロコイ民主制』）についてはやや異なり、一九八八年に米国連邦議会で上下両院に上程された、イロコイ感謝決議と呼ぶべきものが採択されている。「ジョージ・ワシントンとベンジャミン・フランクリンに代表される憲法制定者たちが、イロコイ六邦連邦の諸理念、諸原理および統治実践を大いに称讃したと知られていることに鑑み」と、両院共同決議の冒頭にある。イロコイ連盟というのは、五大湖の地域にいた六部族からなる連盟である。

一九八七年が合衆国憲法制定二〇〇周年にあたる。先住民が侵略者に民主主義を教えるということだが、山里孫存（二〇二二）『サンマデモクラシー』に見られるように、魚屋の女将玉城ウシさんが米国高等弁務官キャラウェイを相手にするサンマ裁判でも、一九六〇年代の沖縄でも同様のことが起こっている。

侵略者によって、共同体所有（総有）の自然を奪われ、居留地に閉じ込められ、再び少量の不毛な土地を部族ごとに配分されるが、それも個人所有にして課税しようとする政策がとられる。それが一八八七年に施行された一般土地割当法（ドーズ法）である。

土地の共有を核に成立していた部族の共同体を弱体化し同化させようとする働きに抗して、一九五〇年代に部族政府が土地の個人所有に断固反対した、ピノルビル・ポモ・ネイションのような例もある。以上の経過は鎌田遵（二〇〇九）『ネイティブ・アメリカン』（岩波新書）に詳しい。この本はさらに上記「イロコイ民主制」についても過不足なく厳しく評価している。気鋭によるわかりやすい研究報告といえる。

アメリカ先住民における共有の土地を守ろうとする闘いと同じことが、アイヌの人々によっても闘われている。堀内光一（二〇〇四）『アイヌモシリ奪回：検証・アイヌ共有財産裁判』は、アイヌ民族は一定の範囲の土地に関しては、古来、共有財産制度的なしきたりを有していたとしている。そこで明治政府はスペイン政府の「インディアン」政策などを参考にして、アイヌ保護地区をアイヌ民族にさずけたと言われている。

そのような状況の中、かろうじて残存していた厚岸小島《あっけし》の共有地について、厚岸の旧土人共有財産引渡書をもとに、アイヌの人々が最高裁まで争った記録がある。一七〜一九世紀、松前藩による場所請負制により、アイヌの人々からサケをはじめとする生産物の収獲や漁場における酷使という、まさに侵略と奴隷化が行われた。これは平田剛士が「フライの雑誌」二七号（一九九四）「アイヌモシリの川と鮭と人の物語」で述べていることである。

そして、結局は明治政府になるとサケ捕獲禁止ということになってしまう。サケを常食としている人々が飢餓に苦しむ状況に直面した内村鑑三の苦悩を、水口憲哉（二〇一〇）『桜鱒の棲む川』のコラム、「内村鑑三とサケ・マス増殖事業」に明らかにした。

村落共同体としてのコタンが破壊される以前に、サケを維持的な慣行をもって賢く利用していた漁と暮らしを調べたのが、ワタナベ・ヒトシ（一九七三）『アイヌの生態系：環境と集団構造』である。

アイヌの人々がシロザケとサクラマスの漁を主な生業として、各河川の漁獲場所を中心に、コタンのグループごとに形成される居住と漁の場所を、河川グループの管理支配する領域とした。これを著者は動物生態学の〝なわばり〟という語で呼んでいる。ある意味で原始共産的な集落の地先の海面を、そこに住む人々が漁場とした制度の原型とも言える。

同書では、七章の内の第四章を「協同作業と労働の文化」としている。協同作業はそれぞれのグループに特定している、遠くの猟場に出かけるクマとシカの狩猟や、サクラマスのやな漁においていくつかの家族間で行われるもので、男女の作業の分担は明確に分かれている。もちろん釣りは無いが、食べるのに必要なだけ獲るというバッグリミットは、きちんと守られている。当然まだ商品経済は存在していなかった。

次に示すのは一九四九年制定の新漁業法の話。農林水産省広報誌「ＡＦＦ」（一九七一年七月号）「あの時この人」で、一九六六年から六八年の水産庁長官、久宗《ひさむね》高氏が話したことの要旨。

昔から続いた漁業権をすべて消滅させ、一切の漁業権を漁業協同組合の団体に集中的に所有させる第一次案を二二年（一九四七）一月一五日に農林省はＧＨＱ（総司令部）に提出し、ＧＨＱ

はそれをそのまま二月五日の第二五回対日理事会にかけた。

対日理事会というのは米英ソ外相会議で設置したもので、アメリカがイニシアチブをとりながらイギリスとソ連の代表が重要な占領政策を検討した。いわば連合軍の最高諮問機関ですが、それだけに対日占領政策をめぐって西側と東側が火花を散らす舞台でもあった。

そこでソ連代表のデレビヤンコ中将がこの第一次案をソ連のコルホーズ（集団農場）の仕組みに似ていることもあって実にいい案だと珍しくほめた。とたんにＧＨＱが仰天して、けしからんと差しもどしになった。漁業において、権利の所有を団体にもたせて民主的経営にすれば、漁民の生活が向上して大資本の制覇が防げると考えたのですが、当時のＧＨＱには漁業のわかる専門家がいなかった。

そこで、対日理事会の二日後、天然資源局長のスケンク中佐が立案者である塩見友之助氏と私、通訳として西村水産課長を呼びつけた。重要部分が全部逆になっている書類を渡し、これでやれと言った。マッカーサー元帥のディレクティブ（命令）だという。

塩見さんがＮＯ！と言い、ディレクティブなら元帥のサインがあるはずだとがんばった。当時スケンクといったら農林大臣の一ダース分くらいの権限があった。これが漁業改革の秘話です。

浜本幸生（一九八〇）は、「この漁業法は当時の連合軍最高司令部の日本民主化政策の一環として、みずから働く漁民に漁業権を与えるという〈漁業改革〉のために立法されたものです。

さらに明治漁業法の専用漁業権は、共同漁業権として漁業協同組合だけに認める。漁業には昔から厳格なしきたりがあり、板子一枚下は地獄とつねに危険にさらされているので、共同防衛の意識が強い。この点は農地制度の比ではない。ですから漁業協同組合にウェートをおいた制度改革は、漁民大衆の支持を得たと思います。」と述べている。

カリフォルニアで見た、アメリカ先住民の人々と侵略者の関係と比較する時、多くの共通点を見出すことができる。浜本さんが、「北海道と沖縄は漁業制度の成り立ちがちがうのだよ。」とよく言われていたことの意味が、この整理をやってみてよく理解できた。

近代に入る明治維新まで、北海道ではアイヌの人々が漁を営み、沖縄では琉球王朝時代の制度の延長で海の資源を利用していた。本土への復帰前、一九七二年以前の沖縄県の沿岸漁業においては、第一種共同漁業権が現在のように明確には設置されていなかった。

筆者らの調査では一九七二年の復帰前後、古宇里島の漁業者は沖縄本島各地の磯に出かけて、入漁料を払っていたかどうかは不明だが自由にウニを獲っていた。アキミチとラドル（一九八四）の言う第二期に当たる、沿岸漁業が混乱と衰退の極にあった時期（一九四一～一九七三年）に限ったことなのかもしれない。江戸時代から磯は磯付き、沖は入会と言って、本州から九州の漁村ではそれぞれの漁村の人々が、磯ものは地先でしか獲れなかったことを考えると、驚きである。

しかし、復帰後の新漁業制度では、第一種共同漁業権でその漁業地区以外の人々に海の利用を自由にさせない制度のもと、「フライの雑誌」七号（一九八八）の水口憲哉「人と自然の関係論　サンゴの海と新石垣島空港建設計画と白保の人々」に見られるように、石垣島白保では空港建設計画をはねのけた。

一つの見方として、結局のところは、共同体として漁に対応する先住民の人々に対し、侵略者として国家が対応する物語でしかないことに気がつかされる。同時に、一八〇〇年代の西欧化・近代化が起きる以前の、本州、四国、九州にもともと存在していた漁業制度に依拠することが重要であることも、表出してくる。

先述のマッケボイは注5（36ページ）の最後でバークス（一九七七）『亜北極のインディアン共同体における漁業資源利用』を紹介している。バークスほか（一九八九）『コモンズの恩恵』を切り口として、水口憲哉（一九九〇）はコモンズの悲劇を検討している。同年オストロムやフィーニーほかも同様のことを行っている。

そのバークスほか（一九八九）と同じ四名の著者、フィーニーほか（一九九〇）が、『「コモンズの悲劇」その22年後』（田村典恵訳「エコソフィア」一九九八）を書いている。その中で「日本の沿岸漁業におけるように、法律上の共同体所有権を承認することは共同体所有制の成功にとって決定的である。」と述べ、ラドルの諸論文により「日本の沿岸漁業は、協同組合を基盤とするが、共同体所有制の成功例が多くあるこれらの漁村は、法律で保証された排他的な漁業権をそれぞれの沿岸域にもつ。」としている。

第Ⅱ章

元気な実例

子どものにぎわいとは

15 歳以上の人数に対する、0～14 歳の子どもの割合。本書では、その地区のにぎやかさの指標として用いている。

各都道府県での子どものにぎわい一位の漁村

漁業センサス(2018) による個人経営体						県勢2020による		都道府県の合計特殊出生率
漁業地区		都道府県		市町村		都道府県	市町村	(2018)
羽幌	0.262	北海道	0.106	羽幌町	0.163	0.122	0.110	1.270
尻屋	0.274	青森	0.090	東通村	0.114	0.121	0.121	1.430
重茂	0.190	岩手	0.106	宮古市	0.125	0.127	0.116	1.410
亘理	0.235	宮城	0.087	亘理町	0.235	0.135	0.134	1.300
平沢	0.141	秋田	0.073	にかほ市	0.112	0.111	0.110	1.330
温海	0.129	山形	0.083	鶴岡市	0.106	0.131	0.126	1.480
鹿島	0.244	福島	0.124	南担馬市	0.176	0.131	0.109	1.530
川尻	0.215	茨城	0.095	日立市	0.177	0.138	0.120	1.440
御宿	0.240	千葉	0.076	御宿町	0.167	0.136	0.071	1.340
母島	0.538	東京	0.133	小笠原村	0.413	0.126	0.206	1.200
平塚	0.364	神奈川	0.094	平塚市	0.364	0.138	0.136	1.330
糸魚川	0.241	新潟	0.084	糸魚川市	0.166	0.131	0.111	1.410
岩瀬	0.372	富山	0.140	富山市	0.316	0.131	0.139	1.520
七塚	0.176	石川	0.081	かほく市	0.097	0.143	0.152	1.540
高浜	0.170	福井	0.108	高浜町	0.170	0.147	0.146	1.670
宇佐美	0.278	静岡	0.112	伊東市	0.134	0.143	0.098	1.500
赤羽根	0.239	愛知	0.109	田原市	0.104	0.153	0.145	1.540
阿田和	0.259	三重	0.069	御浜町	0.259	0.142	0.120	1.540
宇川	0.195	京都	0.097	京丹後市	0.127	0.133	0.125	1.290
住吉	0.234	大阪	0.083	大阪市	0.168	0.136	0.126	1.350
長田	0.348	兵庫	0.081	神戸市	0.227	0.143	0.139	1.440
戸坂	0.184	和歌山	0.057	海南市	0.055	0.133	0.112	1.480
赤崎	0.147	鳥取	0.086	琴浦町	0.128	0.144	0.135	1.610
福浦	0.208	島根	0.086	松江市	0.097	0.140	0.153	1.740
神島外	0.348	岡山	0.092	笹岡市	0.139	0.144	0.115	1.530
大崎	0.306	広島	0.062	大崎上島町	0.200	0.148	0.074	1.550
浮島	0.258	山口	0.060	周防大島町	0.101	0.134	0.068	1.540
伊座利	0.393	徳島	0.070	美波町	0.081	0.127	0.082	1.520
高見	0.184	香川	0.082	多度津町	0.097	0.140	0.134	1.610
多喜浜	0.372	愛媛	0.078	新居浜町	0.180	0.136	0.144	1.550
久枝	0.571	高知	0.052	南国市	0.222	0.126	0.142	1.480
岐志新町	0.262	福岡	0.124	糸島市	0.155	0.152	0.157	1.490
太良中央	0.342	佐賀	0.127	太良町	0.160	0.157	0.125	1.540
尾崎	0.300	長崎	0.084	対馬市	0.078	0.145	0.136	1.680
津奈木	0.242	熊本	0.093	津奈木町	0.242	0.155	0.115	1.690
高田	0.278	大分	0.064	豊後高田市	0.080	0.140	0.121	1.590
門川	0.286	宮崎	0.101	門川町	0.148	0.155	0.156	1.720
三島	0.361	鹿児島	0.091	三島村	0.361	0.153	0.292	1.700
嘉手納	0.429	沖縄	0.190	嘉手納町	0.429	0.205	0.208	1.890
平均	0.277	平均	0.093	平均	0.176	0.140	0.132	1.507

5

アイヌとサケ漁

北海道・石狩市の三つの漁村

漁業開発の初期はアイヌの人々、明治時代に入ると東北・北陸地方からの移住者へと移り変わってゆく。

沖縄県と北海道の子どものにぎわいには大きな差がある。二〇一八年の漁業センサスで個人経営体しかない漁業地区について比較してみた。沖縄県二五地区で子どものにぎわいの平均値が〇・二四九。北海道は二六地区で〇・〇七八。沖縄県の子どものにぎわいは北海道の三倍である。

北海道で最も高い値が、石狩市の厚田地区である。しかし、会社一四と共同経営一があるが個人経営体も四一ある羽幌《はぼろ》町（留萌管内）の羽幌地区が〇・二六二と、厚田地区より大きい。

羽幌地区は、「フライの雑誌」一二一号「漁村の選択」に登場している。猿払村のホタテ貝桁網漁の開拓者である、石川県内灘村から移住した漁民が戦後追い払われるように猿払を離村し、彼らの移住先が苫前郡羽幌町であった。

羽幌町のウェブサイト「まちのあゆみ」には、「開拓以前は、永い間アイヌ民族だけが居住

石狩市になる1996年以前の位置関係

していました。この地に初めて和人が移住してきたのは明治18年で、翌19年には青森県人の立崎熊次郎らが、20年には石川県人斉藤知一ら20数人が移住し漁業が盛んになってきました。」とあり、一九八〇年に内灘町と羽幌町は姉妹都市となっている。

石狩市厚田地区は、南の石狩と北の浜益《はまます》にはさまれた漁業地区で、二四経営体のうち販売金額の多いのはさけ定置一五、そのほかは刺網八、小型底びき一である。

石狩地区は四一経営体でその他の刺網三二、小型底びき八、さけ定置一で、個人経営体の推定平均販売金額が浜益と同じ一一〇〇万円で厚田が二六〇〇万円と多い。

浜益地区は三二経営体で、小型底びきが九と多く、ほたてがい養殖六、さけ定置二でその他の刺網も八ある。ここには会社が五あるが、さけ定置とほたて養殖を経営していると思われる。子どものにぎわいは石狩地区が〇・一六〇、厚田地区が〇・二二二、浜益地区が〇・一八三である。

浜益という地名は、北海道では大成《たいせい》（現せたな町）と共に原発を拒否した地区として知られているが、実情は苦難に満ちたもののようである。最近浜益村が一九八八年に発行した『苦渋二〇年〝はまます原発〟：浜益原発誘致の変遷』の存在を知った。北海道電力が一九六七年に建設予定調査地点として発表して以来、二五年後に村議会が誘致断念するまでにいろいろあった。一九八〇年発行の浜益村村史では一言も触れていない。

石狩町は一九九六年に石狩市になるが、石狩市と厚田村と浜益村が二〇〇五年に合併した。市内の三漁業地区が長らく町と村であったので、多くのことがこの三町村で独自に語られることが多い。

ウィキペディアの「江戸時代の日本の人口統計」において、複数の資料によると、一八一〇年前後の蝦夷地におけるアイヌの人々は二万五千人前後であったが、和人との接触による天然痘、梅毒などの感染症の拡大により減少し、六十年後には一万六二七二人になっている。いっぽう和人は三万四千人だったのが一〇万五千人となっている。

漁業開発期の北海道では、漁業の労働力の中心が初期はアイヌの人々、そして明治時代に入ると東北・北陸地方からの移住者へと移り変わってゆく。その経過を『厚田村史』（一九六九）、『浜益村史』（一九八〇）、『石狩町誌』中巻1（一九八五）で見てみる。

厚田村　アイヌの人々から移住民への移り変わりをそのまま明確に述べているのが、村史が引用している同村出身の子母澤寛《しもざわかん》（一九六四）〝私のふるさと〟である。

> 文政五年（一八二二）はここにアイヌ人が十九戸、男が卅五人、女が卅七人計七十二人いた。これが安政元年（一八五四）松前藩の調べでは十一戸に減っており、男女五十一人。慶応二年（一八六六）は更に減って、たった九戸、廿四人になっている。恐らく鮭も鰊も鰰も不漁が続いたのだろう。
> それでも安政五年（一八五八）には、このアイヌ人の間に入って一戸を構えた和人があった。翌年、更らに《ママ》十三戸、五十人が何処からか移って来た。一説に歌棄《うたすつ》からともいう。幕府の命で荘内藩のものが移住したのだともいう。

村史のほかの部分の記述で補うと、それ以前の一七九九年当時の厚田郡に位置する厚田場所は幕府直政となるが錨地《びょうち》（船の停泊地）であり、厚田場所の要であるオショロコツでは蝦夷家二五軒、人口五、六〇人とほかの場所に比べて常に少なかった。

明治三年（一八七〇）、開拓使厚田郡出張所の調査ではアイヌの家は七軒で総人別一八名とある。しかも全部コタンベツ（今の厚田区古譚《こたん》）に住んでいた。明治二一年（一八八八）の役場の戸籍簿には戸主として三人載っている。永住しているアイヌは少なかったようだが、春先の漁期間中はアイヌの人々も多く来ていたようだ。

「厚田郡には三月より六月までは毎年三千余名の雇夫集合するも漁期と共に去る。明治一一年（一八七八）当時、厚田村の如きは人家僅かに十戸に過ぎず」と『北海道寺院沿革誌』に誌されている。それでも荘内（庄内）藩の五〇人をはじめ、明治一八年（一八八五）には山口県から八〇戸、二五五人、その十年後には石川、兵庫、山口県からの一〇九戸、四三二人と移住する。明治二三年（一八九〇）には、厚田村の戸数一一二〇戸、人口四八三六とある。

浜益村　寛政八年（一七九六）、松前藩はハママシケ場所を運上屋に請け負わせた。その際の取り決めでアイヌの人々の主食であるサケの漁獲について浜益川をアイヌの飯米川《はんまいがわ》と定め、アイヌ以外浜益川でサケを獲ってはならないと決めた。しかし一八六一年、庄内藩はこの禁漁の法を解いて一般人にも漁獲を許すようになった。

なお一八一〇年に浜増毛《はまましけ》アイヌ人口三一一人という記録があり、一八二三年に戸数八四戸、人口二九七人という記録が見られる。その後慶応元年（一八六五）四〇戸、明治二年（一八六九）一五戸と減ってゆく。しかし、明治四年（一八七一）には四〇戸以上にもどり、明治二九年（一八九六）には三部落で合計三九戸一二八人と落ち着き、大正年間には五〇戸前後で人口二〇〇人前後を変動している。浜益村の人口は、明治五年の二〇〇戸一〇〇〇人から三十年後に一万戸、五万人と増加する。その間移住民は、明治一〇年の四七戸から明治三〇年の五四九戸へと増加する。

この時の移住者の職業を見てみると、漁業二七三世帯、農業一九四、商業三七、工業一五、雑業七四となる。結果として明治三〇年の浜益村の人口は世帯数八三六、人口四二九六人となる。うち旧土人世帯三七、人口一五一である。またこの時の漁業はニシン漁業で、定置網一三八ヵ統経営者三八名、ニシン刺網二五四二放、経営者一〇七名、総漁獲量は四七三〇石であり、豊漁であった。

石狩町　石狩の地名は蛇行する川を表現するアイヌ語〝イ・シカラ・ペツ〟に由来するとされるが、石狩地方に居住するアイヌの人々は多くなく、近世において和人が経営する漁場で使役される人々の多くは、上川地方居住のものが多かった。

明治政府になって北海道を全て国有化し、アイヌの人々も和人と同じように土地を私有化し農業に従事することになったが、多くのアイヌの人々はそれを受け入れ難く、土地を失うものも少なからずあった。

明治初期（一三年から四年間）、アイヌの人々の石狩郡内での平均戸数は一五戸人口五〇人で、厚田郡五戸九人、浜益郡四二戸一五六人であった。この傾向は大正五年に、石狩町一二戸三九人、厚田郡三戸三人、浜益村五五戸一九一人と変わらない。なお大正一四年のアイヌの人々の漁業専業は石狩支庁で一戸六人である。

内地の人々の石狩町への移住は、農業中心の岩手県から、明治四年の五九戸の農民の入植から始まる花畔《ばんなぐろ》村がある。明治一五年樽川村として開村されたオタルナイには、三年後に山口県から四三戸の官費渡航による保護移民が移住した。

北海道では通常、漁業者が河川で刺網などによりサケを捕獲できない。ある時代、石狩川ではそれが特別に許可された。そのいきさつは『石狩町誌』中巻1にくわしい。関連部分を抄録する。

昭和三年「北海タイムス」は「石狩川沿岸における鮭の密漁問題は毎年犠牲者を出し、道会の問題となったこともあり、延いては石狩町民の死活に関する問題としてその解決は三十年来の懸案となっていた」と報じた。

〝石狩町漁業組合としても、組合員の流網、刺網漁業を許可漁業とするよう、町を通じ、あるいは直接同町に交渉を続けてきたが、資源保護の理由などからその実現をみることができず、密漁に対する監視はさらに厳しくなった。〟
そこで流網親交会を結成し会員一二〇名ほどが揃って、四、五日帰らぬ覚悟、また十日や半月の拘束を覚悟の盃を交わしての、道庁への請願に出発した。道庁でも放置できなくなり、〝なかでも石狩川鮭漁業の実態を熟知している道庁水産課属の安藤孝俊（後年、北海道漁連会長、北海道信用漁連会長を歴任）は、その許可を是としてこの問題の解決に没頭した。その結果、当時極めて難しかった保護河川内における刺網漁業および流網漁業の次の通りの許可制度が断行された。（後略）〟

その結果、この許可漁業は一九二八年より一九五二年まで制度的には続けられた。

しかし一九五一年頃から、石狩川の水質が急激に汚染され、サケなどの漁獲量が減少し出してもいる。北海道の河川の水質汚濁の調査研究は第一次産業がらみで一九三〇年代から始まっている。石狩川でも一九五〇年代から林業のパルプ、製紙工場、農業のでんぷん工場、そして水産加工場などによる水質汚濁が激しくなり、漁業者もそれへの対応に追われるようになった。

安藤孝俊が昭和三六年一〇月に石狩を訪れ、浜の人々と語った「石狩の人々と語る――アキアジをめぐる思い出の数々」が、『漁村に生きる　安藤孝俊講演集』（一九六七年）に収録されている。そこでは、密漁者A、B、C、Dが厳しかった状況を楽しげに語っている。

筆者は二十歳頃に、新宿駅前にあった二幸という食品デパートの水産物売場でアルバイトをした時に、何も知らずに言われたままに「マシケのサケだよ！」と声を張り上げていた。これは留萌支庁の増毛町のことだと思っていた。しかし本稿を書いていて、これは増毛町の南隣、石狩支庁の旧浜益村のことではないかと考え出した。

というのは、マシケというのは「マシュケ」（カモメの多いところ）のアイヌ語に由来しており、往時はニシンの好漁場だったという。一七八五年、松前藩はマシケ場所を二つに分け、雄冬より南の区域をハママシケと呼ぶようになった。それゆえ、ハママシケのアイヌの人々は春はニシン漁獲の仕事に従事し、秋になると浜益川のサケを漁獲した。「浜益村史」によれば、一七九六年より一八六一年まで浜益川のサケ漁はアイヌの飯米川と定め、一般和人のサケ漁は禁じられていた。

浜益川のサケ漁は現在どうなっているのか。「サケ有効利用調査」ということで遊漁者の釣獲が可能なのは、二〇二二年には北海道では浜益川だけだった。忠類川、茶路川、元浦川は休止中。浜益川について、二〇二二年まで一二年間の石狩市の統計によれば、合計五四万四四四五人の調査者（遊漁者）が一人当り一・〇五尾のサケを獲った。釣法の九割がルアーで、エサ釣りが五・七％、フライが三・七％である。

釣るというより引っかけるというのが実態のようで、投棄されたオスなど現場は悲惨なもののようである。「サケ有効利用調査」は、人工ふ化放流事業用の親魚採捕の終了した九月から実施される。

6

小笠原の漁業の夢

父島と母島の新しい漁業

小笠原の漁村では国家でも村落共同体でもない、新たな集団による漁業管理が行われ出している。

小笠原諸島は、欧米の捕鯨船に「ボーニン・アイランド」（Bonin は〈無人〉の外国語なまり）と呼ばれていた。一八三〇年、ハワイのサンドウィッチ島からナサニョル・セーボレーら五人のヨーロッパ人と、二〇人のハワイ人からなる入植者が父島にやって来た。これを成り立ちとする現在の東京都小笠原村は、次のような特徴を持つ、特異な別天地と言える。

①日本で唯一、欧米系先住民の暮らす島である。

②風土的に、獲れる動物や繁茂する植物は、沖縄や南太平洋マリアナ諸島などミクロネシアと似ている。沖縄に住む人々の祖先は少なくとも二万三千年前からであり、ミクロネシアについては分からないところも多いが、沖縄とほぼ同じ頃と考えて良い。

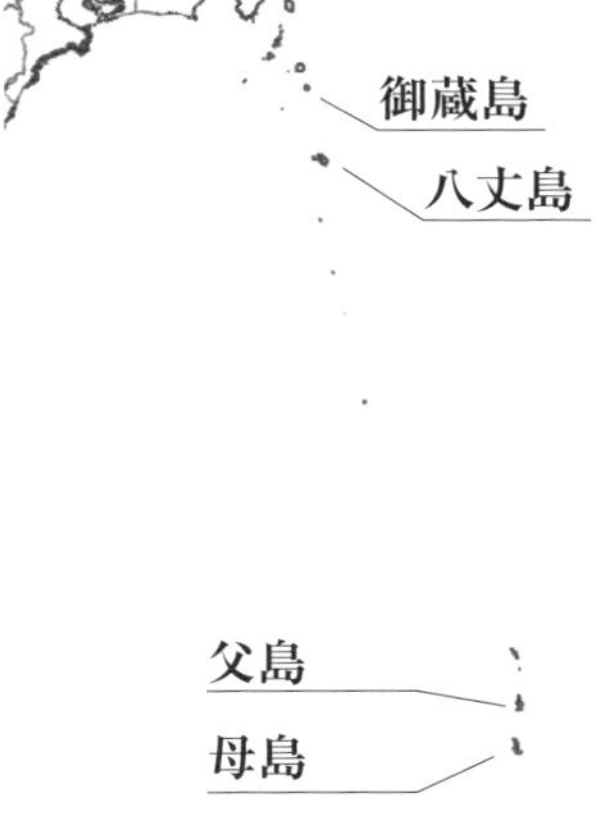

③　現代のエコツーリズムへの島民（村民）の反応を見ても、昔からの漁村が示すものではなく都市の一部の住民として対応している。そもそも漁村というものが、小笠原には存在するのか。
④　若い新住民による漁業もさかんで、村と漁業地区の子どものにぎわいがダントツに大きい。

一九四四年、軍事下の小笠原では住民が全員強制移住の命令で離島した。しかし欧米系先住民だけは米軍が帰島を許可した。米軍統治下の小笠原は一九六八年に、沖縄は一九七二年に、日本に復帰した。その際、小笠原諸島については非核三原則が本土並みに適用された。佐藤首相は国会で〝白紙〟の答弁を繰り返していた沖縄については、日米間で〝極めて重大な緊急事態〟では事前協議を経て、沖縄への核持ち込みを認める密約を結んでいたことが現在では明らかになっている。

復帰五十年の二〇二二年、沖縄県では新型コロナウイルス感染に対して、特別措置法に基づき「まん延防止等重点措置」が山口県、広島県と共に一月九日に適用された。在日米軍基地が日米地位協定のぬけ穴となっており、新型コロナウイルスのオミクロン株が米国から日本に持ち込まれていることが原因なのは明らかなので、日米地位協定による特措法がらみで種々の対応が取られ始めた。

一九九一年から小笠原村の硫黄島航空基地で、米海軍の陸上空母離着陸訓練（ＦＣＬＰ）が行われている。この訓練を鹿児島県馬毛島で行うための自衛隊基地づくりを現在防衛省は強行している。

筆者が小笠原・父島を初めて訪れたのは一九八〇年一一月、放射性廃棄物の海洋投棄反対で島がわき立っている時である。漁民アパートの一室で漁網のつくろいをする菊池滋夫小笠原漁協組合長からいろいろ話をうかがい、島ずしをごちそうになった。

同年九月三〇日に村議会が絶対反対の決議を行い、一〇月中旬には議長や菊池さんたちが国に反対陳情を行っている。漁民をはじめ、小笠原が好きで住み着いている二十歳前後の若者も「海を守る会」をつくり、マリアナ同盟からの呼びかけを「グアムからの手紙」として父島の七〇〇戸に全戸ビラ入れをしている。

実はこの海洋投棄反対の運動は、日本でよりバヌアツ、北マリアナ連邦、グアム、テニアンをはじめとする、南太平洋諸国での反響が大きかった。それゆえ一九八五年、当時の中曽根康弘首相が太平洋諸国歴訪にあたり、関係国の懸念を無視して海洋処分を行う意図はないと、言明せざるを得なかった。なお二〇一六年に亡くなられた菊池滋夫漁協組合長は二〇一五年まで二十一年間、東京都漁業協同組合連合会の会長をやっておられた。

一九九四年、小笠原とほぼ同緯度の沖縄で冬期にソデイカ漁が活況だとの情報から、村の補助を得て漁業者グループが視察した。漁獲量の減少する冬に比較的小型の漁船で操業可能なため、すぐに小笠原のほぼ全船が着業し、いきなりその年に一四・八トン、一六九二万円を水揚げした。

その漁の水深五〇〇m以深でイカが食害されたり、大型のメバチマグロやメカジキがかかってきたのである。そこで同じ深海縦縄漁ではあるが、漁具をエギからリング式仕掛けに替えたことにより、〈小笠原式マグロ・カジキ深海縦縄漁〉が開発され、定着した。

父島では一九九七年にカジキ類で六六トン、六千万円の水揚げとなった。そして以後二〇〇八年の一七八トン、一億九千万円（総水揚げ金額の四七・四％）の山を経て、二〇一七年には二億円に達した。母島でも二〇〇六年には一億七千五百万円（八〇・九％）になった。

ソデイカ漁の定着している沖縄では初期投資がほとんどかからず導入できるので、この技術改良は〈糸満式メカジキ輪っか漁法〉として取り入れられた。このように、漁業技術の相互交換によって、それぞれが水揚げを増加させた例は大変珍しい。

筆者は二〇〇三年（平成十五年度）に東京都より、御蔵島周辺海域利用調整に関する調査委託を受けた。エコツーリズムへの対応ということで、御蔵島海域でのドルフィン・スイミングと小笠原・父島でのホエール・ウォッチング等の調査を行った。この時には御蔵島のドルフィン・スイミング船全隻に乗船したり、小笠原ではピンク・ドルフィン号に一日乗船している。

エコツーリズムへの小笠原村民の対応について、古村学（二〇一五）『離島エコツーリズムの社会学』がよく整理し見切っていると思うので、その要旨を紹介する。

小笠原諸島は、日本のエコツーリズム発祥の地とされることもあるが、「離島性」の異常な高さが影響し、「観光依存度」が非常に高い地域になっている。現在の小笠原社会は一九六八年の本土復帰から始まったと考えることもできる。島で生まれ育った人よりも、都会からの移住者や、国や都の任期付きの公務員のほうが圧倒的に多くなっている。都会出身の人が多いため「都会的」な社会を形成しており、シマ共同体といったものが存在しない。そして島民も観光客と同じ「都会的」自然観を持っている。

小笠原村におけるこの一九〇年間の漁業関係者は、五グループに分けられる。

① 最初に述べた欧米系先住民をルーツに持つ人々。敗戦後すぐに帰島を認められ米軍統括下の二十三年間と復帰後を島で過ごしている一二四人の人々とその子孫。そのかなりの部分が漁業を営んでいる。復帰直後の一九六八年に設立の小笠原島漁協の「五〇年の歩み」にある役員履歴表でもナサニョル・セーボレーをはじめ四名の名前が見られる。同書中の二〇一八年の組合員名簿に正組合員で上部ヘンリー、準組合員で木村ジョンソンの名がある。

② 一八七六年（明治九）頃から主に八丈島や大島等から移住した人々をルーツに持つ人々。

③ 上原秀明（一九八九）が中楯興編著『日本における海洋民の総合研究 下巻』の中で糸満漁民について述べていることによれば、一九一五年（大正四）には、伊豆七島から南下した二七人の糸満からの出稼ぎ漁民が移住している。ウメイロ、シマムロ等を漁獲する追込網漁と、カツオ漁に従事する彼等の登場によって小笠原の漁業は長足の進歩を見た。横浜・東京市場への鮮魚の冷蔵輸送を開始し、マグロはえ縄漁への餌料供給も行ったという。戦前に小笠原諸島に在住していた沖縄県人は、「小笠原引揚者実態調査票綴」によれば八九人であり、うち四二人が

漁業に従事していた。また、戦前の父島漁業組合では糸満漁民の約三分の一（一四人）が組合員になっている。

④ 復帰後の帰島漁民。一九四四年（昭和一九）、軍事基地化した小笠原諸島から軍により住民は強制退去させられた。復帰後一九八〇年からの二代目漁協組合長となる菊池滋夫さんは、戦前の硫黄島村出身で帰島前は本土で大手建設会社に勤めていた。二十数年のブランクがあるので帰島漁民といっても漁業を復興するのは大変な苦労であった。

⑤ 一九八〇年前後より、新しく本土から来て漁業に取り組む若者もいた。村が積極的に役場をはじめ村内の各職場への若者参加を呼びかけたこともあり、一九九七年六月末現在の、驚くべき結果となった。『小笠原島漁業協同組合30年史』（一九九八）によれば、漁業者の年齢構成で四〇歳以下が五四％と、全国の二一％に比べて驚異的である。

そのようになるまでは、島外からやってくる漁業後継者志望の若者の歩留りは一〇％であったが、一九七五年から八八年までの間に四五人の優秀後継者が生まれるということもあった。先の「五〇年の歩み」中の「漁協の未来を語る小笠原の次代を担う若年漁師座談会」の五人の出席者は皆、島外の首都圏出身の船主である。平均年齢四〇歳。

小笠原島漁協の設立には、『30年史』によれば、一九六八年米国大使館漁業官アトキンソン氏から水産庁に対して小笠原諸島が返還された際に、現地の欧米系在来島民の生活の安定を図るために、帰島する漁業者との間に協同組合を設立するように、との要望が出されたことが助け舟になった。

同年六月に返還式典に出席のため渡島した美濃部亮吉知事も協力し、帰島組合員五八名が帰島を始めた九月三〇日に設立が認可された。正組合員七六名、準組合員三一名での旅立ちであった。

一九七四年正組合員二二名、準組合員二名で母島支部が発足し、一九八〇年には小笠原母島漁業協同組合として分離発足した。先に述べたように両漁協は漁業後継者の育成に村とともに努力した。二〇一九年現在、父島・小笠原島漁協の正組合員四四、準組合員四、小笠原母島漁協の正組合員二五、準組合員五である。

小笠原島漁協として「東京都の水産」に記載がある一九七二年には、漁獲金額六二五九万円で始まっている。一九七五年支所ができてからは父島七五六七万円、母島二三〇〇万円で、以後一九八六年父島二億円、母島一億一五七八万円となり、二〇〇七年には父島四億円、母島二億三七一〇万円となる。そして父島は二〇一六年に四億六七四五万円、母島は二〇一五年に三億四〇〇八万円の最高値を示す。

水揚げ金額の多くを占める魚種は、父島では底魚一本釣りのハマダイ、曳き縄のマグロ類、そして再び深海縦縄のカジキ類と移り変わり、二〇〇七年以後はカジキ類が四〇％以上を占める。母島も父島と同様にハマダイ、マグロ類、カジキ類と移り変わるのだがカジキ類の占有率が二〇〇六年八一％、二〇〇七年八〇％と異常である。二〇一五年からはサンゴが六〇％を超え続ける。メカジキはこれまで存在していたが利用していなかっただけである。

	大島	神津島	三宅島	八丈島	小笠原
①町村と人口（2019.1.1）	町　7716	村　1898	村　2481	町　7465	村　2625
②人口増減率（1995→2019）	-0.20	-0.17	-0.35	-0.21	-0.07
③2019年　子どものにぎわい	0.111	0.172	0.104	0.130	0.206
④2008年　子どものにぎわい	0.125	0.167	0.070	0.140	0.209
⑤平均課税対象所得額（千円/人）	2968	3111	3438	2936	3934
⑥町村人口に対する漁業地区人口	1.8%	14.3	2.9	2.5	5.9
⑦漁業専業経営体数	46	49	11	18	6
⑧漁協正組合員数	211	167	37	118	68
⑨個人経営体数	75	95	40	78	55
⑩動力漁船平均トン数	5.3	8.3	7.5	8.1	7.2
⑪経営体当り平均販売金額（万円）	300	900	700	1200	1500
⑫漁業地区世帯員数	141	272	72	190	150
⑬2018年 子どものにぎわい（漁業地区）	0.037	0.133	0.029	0.166	0.412
⑭2008年 子どものにぎわい（漁業地区）	0.069	0.195	0.064	0.112	0.281

東京都の島しょ部の町村とその漁業地区について子どものにぎわい等

①～④は県勢による町村についてのもの。⑤市町村課税状況等の調べ（2018 年度）総務省による。⑥ ①に対する⑫の割合。⑧「東京都の水産」令和元年度版による。⑨～⑬は 2018 年漁業センサスによる。⑭は 2008 年漁業センサスによる。

伊豆七島の神津島での突きん棒漁のように、大目流し網の大規模漁業による乱獲の心配もない。新規漁法による未利用資源の開発という可能性というか、夢が小笠原の漁業にはある。

小笠原は日本の漁業の伝統と全く関係ないかというと、そうとばかりも言えない。宝石サンゴというのは中国の富裕層を市場としている。これは江戸時代の俵物《たわらもの》と同じことである。

二〇一八年の小笠原村では、漁業センサスの子どものにぎわいが県勢のちょうど二倍という結果を示し、いかに漁村に子どもが多いかがわかる。

漁協別に見ると、一九七三年の漁業センサスでは父島〇・一六五、母島〇・一四三と、当時は普通以下であった。父島は一九九八年の〇・五一四をピークに、最近十年間は平均〇・三五三と高止まりで落ち着いている。

母島は漁業センサスごとに少しずつ数値をあげて、二〇一八年には〇・五三八に達した。この高水準は二〇一五年以後のサンゴブームも手伝って、しばらく維持されるのではないだろうか。二〇一三年の漁業センサス以来の子どものにぎわいの急激な増加と、〇・五を超える高い子どものにぎわい度という現象は、第Ⅲ章17でとりあげる沖縄県・渡嘉敷島でも見られる。内容は異なるが何かが起こっているのかもしれない。

水産庁の故浜本幸生さんは「北海道と沖縄は、日本の漁業制度を考える場合に、本州から九州にかけてとは全く違う地域と考えたほうがよい。」と言われていた。小笠原はそれらとも全く異なる。北海道と沖縄では、本州から九州で江戸時代から行われていた沿岸域利用（管理）の仕方が存在せず、明治に入っていきなり国家の統治（管理）が始まった。小笠原では一九六八年の米軍からの返還以来、ゆるやかな漁業制度が行われている。

エコツーリズムが成功している地域について、藻谷浩介（二〇〇七）『実測！日本の地域力』の言う「地域の風土に根ざした住まい方や食など独自の生活文化を、個人客が分かりやすく体験できる」ということと、この漁業制度の見方との関係に、小笠原の「漁村」の在り様を解くカギがある。それは「漁村」の成り立ちに、都市からの新住民たちの寄与が大きいということである。

国家でも村落共同体でもない、新たな人々の集団による漁業管理が行われ出している「漁村」を参考にして、これからの沿岸漁業と漁村の関係を考えることが必要なのかもしれない。

7 若さの理由

富山県・岩瀬の元気なエネルギー

岩瀬地区の子どものにぎわいは飛び抜けて高い。
女性、母親の存在のもつ意味が大きいということでもある。

各県ごとの子どものにぎわいを二〇一八年の漁業センサスで調べていたら、富山県に飛び抜けて高い漁業地区があるのにびっくりした。

富山県の漁業地区平均の〇・一四〇や、県勢による富山県の〇・一三一、富山市の〇・一三九を考えると、富山市岩瀬地区の〇・三七二は、沖縄県なみのトンデモナイ値である。

これは一六個人経営体についてのもので、世帯員年齢構成では一四歳以下が一六名、一五歳以上が四三名で一家族当り三・七人なので、いかに若い両親の家庭が多いかということである。老人二人だけという家庭もあるので、子どものいる家庭はどこも二人はいるのではないか。

この推定への一つの回答を、漁業センサスの〈4 労働力(2)年齢階層別漁業就業者数(男女計)〉から得ることができる。

この数値は個人経営体、会社、漁協、生産組合、共同経営体すべてを含めての働いている人についてのもので、岩瀬地区は会社が一、生産組合が一あり、一一月一日現在の海上作業における雇用者は四九人いる。労働力の総計は六七人なので、一六個人経営体の経営主や家族がその中に含まれることは確かだが、年齢構成のどの部分にあたるかは分からない。

そこで一五～一九歳から七五歳以上までの階層ごとの人数に、その階層区間の中間値をかけて算出した、労働力の平均年齢を検討してみる。

すると岩瀬は四〇・七歳であった。富山県の漁業地区平均が五〇・四歳であり、元気で若い人が多いと思われる北海道の猿払でも四四・一歳であるから、驚くべき結果となった。

漁業センサスにはこれ以上検討する資料がないので、ここからは岩瀬の若さの理由を考えてみる。

二つの解くカギと思われるものが見つかった。それは、ネット上のバーチャルな漁船「第一岩瀬丸」(https://iwasemaru.com/)と、「白エビ」漁である。

「第一岩瀬丸」は何の規制もしばりもない平均年齢三六歳の若者の集まりである。現在三〇名ほどのとやま市漁協岩瀬支所の青年部とは異なり、漁協職員一人、生産組合の大型定置網から一人、会社も含めた白エビ漁から六人、事務局として漁協参事のような仕事をする女性一人からなる、横断的で岩瀬の漁業の特徴をよく示すような構成員である。

近隣の新湊《しんみなと》が富山の漁業地区としてよく知られているので、岩瀬をもっと広く知ってもらおうと始まった取り組みのようで、昔の若者組とはちがうが、同じような元気さとエネルギーをこのバーチャルな漁船に感じた。

白エビは、日本列島周辺の深い海底谷に分布するが、漁業の対象となっているのは富山湾だけだ。富山湾の宝石とも呼ばれ、ホタルイカと共にブランド産品となっている。

庄川、小矢部《おやべ》川と神通川の河口の沖にある海底谷付近、すなわち射水《いみず》市の新湊漁協と富山市のとやま市漁協に白エビを漁獲する小型底曳網がそれぞれ八隻と六隻、県知事により許可されている。

二〇一七年の農林水産統計、市町村別漁業種類別漁獲量の小型底曳網では、新湊地区の八経営体が二五三トン、富山市の六経営体が二八六トンを漁獲している。その八七%が白エビである。その他は一二月から三月の漁期に他の漁場で、ホッコクアカエビ、ズワイガニ、トヤマエビ、ゲンゲ類などを漁獲している。

岩瀬の白エビ漁について、全漁連主催の二〇一〇年第一六回全国青年・女性漁業者交流大会の資源管理・資源増殖部門において、とやま市漁協岩瀬青年部網谷繁宣が「白エビの自主的な資源管理について ―資源管理指針の策定―」を発表し、水産庁長官賞を受けている。

この発表内容を検討してその後を追跡すると、当時三〇〇トンを少し超える漁獲量がその後二一七トンまで減少したが、直近五年間は三八〇トン前後を維持し順調である。県水産研究所と白エビ漁業者がよく話し合い協力して、漁獲圧力の調節がうまく行っている結果といえる。

白エビ漁の様子はユーチューブで見ることができるが、船長以外の乗組員六人全員が若いのに驚く。なお右の網谷さんは第一岩瀬丸の船長もやられているようである。

とやま市漁協は東から水橋《みずはし》、岩瀬の支所と四方《よかた》の本所が続き、現在の組合長は二〇二二年から県漁連会長でもある。これら漁業地区の二〇一八年漁業センサスから読み取れる概要を下表にまとめた。

水橋の共同経営による大型定置網の運営に参加している個人経営体は、ここに出資して従事している訳で、センサスの〈3 個人経営体（2）自家漁業の主従別・兼業種類別経営団体数（複数回答）〉で、第二種兼業として「共同経営に出資従事」

漁業センサスの漁業地区	経営体の種別と数 個人	会社	生産組合	共同経営	個人経営体の子どものにぎわい	労働力の人数（雇用者数）平均年齢（歳）	大型定置網数 経営体 小型底曳網数	漁獲物平均販売金額（万円） 全経営体	個人経営（推計）	一労働力当り
水橋	10	-	-	1	0.125	38 （28） 41.2	1 共同経営 1	4100	1010	1187
岩瀬	16	1	1	-	0.372	67 （49） 40.7	1 生産組合 5	5900	3513	1585
四方	9	4	-	-	0.353	91 （77） 52.8	2 会社 0	4600	1089	657

第14次漁業センサスによる2018年の概要

と答えている七経営体についてはそれとは別と考えると、水橋の漁民の大部分が、大型定置網に出資して従事していることになる。

これはまさに〈村張りの定置網〉そのものである。

富山県の大型定置網二八ヶ所ではこのような共同経営による経営方式、いわゆる〈共同組合《ともどう》〉的経営を行っている漁業地区が多く、漁協自営の地区を加えるとその半数近くが「村張りの大型定置網」といえる。

漁民が大型定置網の運営に出資して従事するということは、漁業協同組合自営とは全く異なり、労働者協同組合と全く同じ考え方のことをやっているのではないか。

漁業センサスの第一種および第二種兼業の項目に「共同経営に出資従事」とあることを深く考え、その実態をこれを機会に調べてみたい。

鎌倉・室町時代の日本の十大港に、富山県では越中岩瀬の名がある。また、中世の日本海世界で考えると、富山湾では西岩瀬周辺と放生津《ほうしょうづ》の歴史が重要と言われている。今は富山新港に変形している放生津潟《がた》の一帯は、万葉時代から奈呉の浦と言われ、歌にも詠まれた。この放生津が明治四年に新湊となった。新湊は魚津、氷見に並ぶ三大漁業地域で一九七二年までは県内一位で一万トン近くの水揚げがあった。

そんな意味でなんとなく競っている感じの新湊と岩瀬であるが、現在白エビ漁がこの二地域にしかないというのは面白い。

子どものにぎわいが大きいということは、女性、母親の存在のもつ意味が大きいということでもある。ステファニア・バルカの言うようにProduction（生産）ではなくReproduction（再生産）ということを考えなくてはいけない。

バルカの「再生産の力」（二〇二〇）は、「社会主義的エコフェミニズム」の立場で書かれている。男が代表する人新世《ひとしんせい》の支配的物語を、地球を代表する労働、または〝再生産の力〟の展望に基づく対抗権力の物語に発展させる必要があるとしている。

このバルカの考えを紹介している斎藤幸平（二〇二一）「気候崩壊と脱成長コミュニズム」（『世界』二〇二一、一〇月号）は、「生産力ではなく、再生産力を高く評価する認識への転換には、グローバルサウスの女性や先住民による自然のケア実践を包括したケア革命が必要だ。」と言っている。すなわち、世界的に子育てしやすい社会と、次世代に安心して暮せる自然を伝えることである。

しかし一方で斎藤幸平（二〇二三）『ゼロからの「資本論」』は、「生きた子を生むか、または少なくとも金の卵を生むのである。」というマルクスの言葉を引用して、「人間の労働を介した価値が価値を生む自己増殖の過程は、誰にも止められません。」としている。

生産と、生物が行う再生産を、同じものだと考えているのではないだろうか。このような再生産の使い方は納得できない。斎藤も筆者も再生産と訳しているReproductionについては、再生産ではなく再生であるとか、もっと異なる意味でバルカは言っていると考えたい。

なぜ富山県の岩瀬でこのようなことを言い出したか。それは筆者が富山県の女性について印象深く思っていることが三つあるからである。

一九一八年（大正七）の米騒動は、東水橋（現富山市）の女性たちによって全国で最初に起こされた。井本三夫（二〇一八）『米騒動という大正デモクラシーの市民戦線』などで米騒動について調べてみると、この発祥の地における女たちの果たした役割を評価して「女米騒動」と捉える視点もある。

しかし富山県でも女だけの米騒動は、漁業地帯以外では稀だった。漁村では男たちは、カムチャツカや北海道へ出かせぎ労働者として、あるいは汽船の海運労働力として連れ出されていた。女たちは米を積み出す船が沖に到着すると、米を米穀商の倉庫から海岸の艀《はしけ》まではこぶ「女陸仲仕《おかなかし》」としての労働者になった。

自分たちの運んでいる米が、高値のために日常的に食べられないことの不満と怒りが、米を安くしろ、米よこせという抗議行動に発展した。

米騒動は近隣の村や町、一道三府、四〇県におよぶ全国的な規模に発展し、その後内閣を総辞職に追い込む事態に発展した。岩瀬では、バイ船（北前船）を所有する流通商家である畠山家など五大家が米を集めて、岩船の町役場が米を分けるというやり方と、その頃に初めてできた岩瀬漁業組合が米穀商と交渉して、米価を下げさせた。

一九八一年、反原発市民の会・富山が開催した連続講座「原発を問い直す」の講師として、筆者は富山市を訪れた。この会は女性の会かと思わせるほど、男性の影が薄かったことが強く印象に残っている。

もう一つ印象的だったのは、翌日の反原発関連の集まりに、尾山栄吉県漁連会長がいま仕事から来たという姿で遅れて入って来たことである。漁連の会長でも現役で定置網漁に出ているのだとびっくりした。

二〇一六年から二〇二二年まで富山県漁連会長だった尾山春枝さんは、全国初の女性の漁連会長である。

「定置網漁業を経営する漁家に嫁ぎ、漁協婦人部活動への参加がきっかけとなり、現在JF新湊の代表理事組合長を務めております。当時は、専業主婦でしたので何もわからず、多くの方々に聞いたり教えてもらいながら、ただ前に進んでまいりました。」

漁港漁場漁村研報Vol.三九の尾山春枝（二〇一六）「ささえあう心は、生きていく私の力」の冒頭を引用した。

岩瀬の子どものにぎわいの高さに驚いて、漁業センサスとネットでいろいろ調べ、富山県の関係者にいろいろ教えていただいたが、富山市岩瀬地区にはこれまで一度も訪れたことはない。

8 山口県の三つの離島

自立する浮島《うかしま》、角島《つのしま》、祝島《いわいしま》

自分以外のものの助けなしで、支配を受けずに物事をやってゆく自立。

山口県周防大島文化交流センターに所蔵される、宮本常一が一九六〇年一〇月二六日に撮った写真——、木造船に三二人の小学生がギュウギュウ詰めに乗り込んでいる、まさに子どものにぎわいを示す写真で筆者は大好きである。

浮島の江《え》ノ浦《うら》地区へ宮本を乗せて行く船に便乗した帰校する子どもたちで、当時の浮島の人口から推定すると、浮島の子どものにぎわいは〇・三二であったとされる。

なぜこのようなことを言うかというと、二〇一八年の漁業センサスで、浮島の子どものにぎわいは〇・二五八で、山口県の漁業地区で一位だからである。

センサスには共同経営の二船団の船曳網漁の経営者の子どもが含まれていないので、実際はもっと大きな値になると思われる。二〇一六年の「浜だより」二二二号（山口県漁協発行）

人である。

の座談会に出席している、共同経営のいわし船曳網漁の砂田有輝さん（三〇歳）の子どもは四

周防大島町には六つの漁業協同組合がある。離島である浮島は農業で始まった島なので、漁業の歴史は浅い。一九五〇年に浮島の組合員が日良居《ひらい》漁協から脱退し、組合員一一七名、船曳き網八ヶ統で浮島漁協を設立しており、他より新しい漁協といえる。現在では町内六漁協の中でも山口県漁協浮島支店である浮島は、最も元気で豊かな漁協である。

この漁協間の比較は、林研三（二〇一七）が「漁業協同組合と共同漁業権—山口県・周防大島町の場合—」（札幌法学二八巻一—二合併号）で行っている。

たとえば、一九八九年より二〇一一年までの六漁協の正組合員一人当りの属地陸揚金額と正組合員数の変化を見た場合、他の五漁協が平均二六一万円から二七一万円ほどであるのに対して、浮島は四四九万円から六四六万円と、常に上位を占めて、二〇一一年には一位になっている。正組合員数の減少も八六から六三で減少率二七％であるのに対して、他の五漁協の減少率は平均五八％である。

二〇一八年の漁業センサスでも変わらず、一経営体の平均販売金額は浮島が八〇〇万円で、他の五漁協の漁業地区は二〇〇万から四〇〇万円である。

販売金額の差は、それを産み出す働き手の内実が大きく関係している。漁業センサスでの

一労働力当り販売金額が浮島が六〇〇〇万であるのに対して、他の五漁協の平均が三〇〇〇万円であることと、労働力の平均年齢が浮島が五一歳であるのに対して、他の五協の平均が六〇歳であることに、如実に表われている。

子どものにぎわいとの関係で見てみると、浮島が〇・二五八であるのに対して、他の五漁協の平均が〇・〇五六と、愕然たる差となって表われてくる。

現時点での豊かで元気な浮島の状況は、これからもしばらく続くであろうことは労働力の年齢構成から推測できる。一五歳〜一九歳に一人、以後五歳ごとに、五人、二人、四人、二人、三人、三人、四人、四人、四人、六人、四人と続く。七五歳以上が五人と高齢化しておらず、均等に若い人々が続く。

現代の漁村において珍しいことである。

ちなみに、第Ⅱ章7でその若さに驚いた富山県の岩瀬で労働力の年齢構成を見てみると、一五歳〜一九歳の三人から、三人、一〇人、一一人、七人、八人、六人、七人、五人、四人、一人、一人と続き、七五歳以上が一人である。

林（二〇一七）の結論は、

「末端の集落（漁浦、漁村）から順次漁場が拡大し、最終的には周防大島を超える範囲での漁場に一つの共同漁業権が認められているのだ。法上は一つの共同漁業権であっても、それが10の漁協による契約書や各漁協の共同漁業権行使規則だけでなく、さらに内部の取りきめや慣習によって細分化されているのである。」。

共同漁業権一四一号をめぐる漁村の動向は、町村の合併や漁協の合併、独立という明治時代に入っての離合集散の歴史の中に、林（二〇一七）の言う集落の〈自律性〉を見ることができるが、浮島の場合は〈漁村の自立性〉というものを明確に見ることができる。

それは〝自分で立てた規範に従って、自分のことは自分でやって行く〟自律よりは、〝自分以外のものの助けなしで、または支配を受けずに、物事をやってゆく〟自立ということではないかということである。

170ページから述べる青森県東通《ひがしどおり》村の八つの漁村の歴史とは別で、尻屋の来し方とも異なる。浮島は浮島として独自の新たな漁村の歴史をつくっている。

近年の浮島漁協の漁模様を、組合から提供して頂いた二〇一七年から四年間の業務報告書から見てみる。

浮島漁協はいりこづくりのいわし船曳網漁が中心で、七十年近くそれで維持されている。ここのところずっと五ヶ統である（二〇一八年漁業センサスではうち二経営体が共同経営）が、組合の総水揚平均四億二五〇〇万円の七五％を占める。獲りたてを運搬船で運びすぐに加工し、平均六四三円／キログラムと単価が良いこととも関係している。漁期は七月から一二月までであるため、これら二〇隻の船は他の時期には他の漁をやる。

組合の水揚金額の一〇％以下を占める四漁業種がある。それは二九経営体ある刺網、建網の一〇・五％、二三ある小型底びき網の七・四％、二三あるその他の釣の五・二％、二〇あるたこつぼやあなごかご等のその他の二・一％である。

その他の釣で多いのは、さわら類とたい類たちうお等である。これらの漁業を以前より少しずつ減った平均五四人の正組合員が、季節ごとに組み合わせてやっている。

浮島の人口であるが、宮本常一（一九三六）『周防大島を中心としたる海の生活誌』には、昭和八年（一九三三）の在住戸数について、樽見に漁家が四〇戸、江ノ浦に農家が二〇戸と漁家が四〇戸とある。橘町史（一九八三）には、一九七〇年の周辺総合整備計画に浮島辺地人口五一五人とある。同書には一九七九年（昭和五四）、浮島の漁業地区人口は四五二人で、正組合員数八三人、漁業経営体数六四、最盛期における漁業従事者数一五八人とある。

浮島の人口は二〇〇〇年代に入って減り始め、二〇一五年の国勢調査では二一四人、二〇二〇年には一八〇人となっている。

山口県下関市豊北《ほうほく》町角島は、二〇二〇年国勢調査で人口六五〇人、一五歳以上の就業人口三二六人中、漁業が一一九人、子どものにぎわいは〇・〇八〇。二〇一八年漁業センサスでは〇・〇九七、平均漁獲物販売金額は七〇〇万円である。

これらの数字に見えるように、漁業の盛んな島である。

一九七〇年代の豊北原発反対運動の中で、角島では沖合で漁をしていた漁民が無線で連絡し合い、急遽漁止めにして港にもどり、学習会に参加した。「漁を続けていれば、あれは賛成派と言われるからな。」と言い合いながら。

地区から出ている三人の町議が、地区住民の意見を代表しないことを理由に、商店主でもある町議に対して不買運動をやるということもあった。これを全体主義と批判する人もいるかもしれないが、民主主義の一つの表われとも言える。

結局一九七八年、豊北町長選と同町議補選で原発反対派が圧勝し、町議会の「事前環境調査拒否」決定にもとづき、町長が中国電力と山口県に原発立地拒否を通告した。

阿部貞明（一九九九）「角島の若者と地域活動」（協同組合経営研究月報五四五号）では、若者の協同活動と協同組合という特集に、三人の若い漁師が自信と展望をもって日々の漁に取り組んでいることを報告している。

山口県ではこれまで田万《たま》川、只の浜、豊北、萩、上関《かみのせき》と、漁民が中心となる原発建設反対運動で中国電力の計画を中止に追い込んでいる。水口憲哉（一九八九、二〇一七）で述べているように、豊北原発反対闘争から漁民の、そして漁村の漁場を守る考え方に学ぶことは多かった。

一九八二年以来、上関原発建設反対運動を貫き、現在も核廃棄物中間貯蔵施設の建設反対運動に揺れている、山口県上関町祝島の漁民の闘いについては、多くの人が知っている。支援の人々が島へ移住することでも関心を集めている。

しかし、祝島漁業協同組合（現在は山口県漁協祝島支店）の正組合員数が、一九九一年の一二五名から二〇二三年の一九名になったことはあまり知られていない。

祝島漁協の元組合長山戸貞夫さんの発行する「祝島情報」一七号（二〇二二）等をもとにした数値で、基本的には一九七九年から上関町の人口が五六％減少する中で、原発建設予定地の四代《しだい》地区の八二％減少、対岸に位置する祝島の八一％減少が、背景にある。

漁協組合員の減少には、三つの契機がある。
①二〇〇五年の山口県漁協への合併。
②二〇一三年の山口県漁協が肩代わりしての漁業補償金受け入れ。
③全国からの反対運動への「カンパ」受入れ。それに高齢化と、四十年続いた反対運動がある。
四十年余にわたる支援の過程では、筆者が水産庁へ漁業調整官の浜本幸生さんを訪ねていた際、山口県の水産課長からの電話の折に、浜本さんが「今ここに、水口がいるよ。」と愉快そうに語ったのを始め、山口県、山口県漁連、中国電力との間にはいろいろあった。

結果として二〇一八年の漁業センサスでは、子どものにぎわいゼロとなり、漁獲物販売金額の平均値が四代と共に二〇〇万円となった。二〇二〇年の国勢調査では、祝島の人口二八一人、一五歳以上の就業者数中、漁業者一八人となった。

9

共同体が子どもを育てる

高知県・南国《なんこく》市久枝《ひさえだ》の不思議

経済的には本当に厳しく見える久枝は、子どものにぎわいが大きい。なぜだろうか。

県勢調査によれば、沖縄県と鹿児島県は九州の他の六県とは異なり、町村の人口が少なく、〇～一四歳の子どもの割合が高いという明確な関係が見られる。

二県について、町村別人口と子どもの割合について散布図を作ってみると、人口が少なくなると子どもの割合の分散が大きいという、ラッパ型というか東京タワー型の散布図になる。

町村の人口が少なくなると子どもの数が多いのか、さもなくばゼロか、ということを漁村で検討してみる。

高知県の漁村について、二〇一八年漁業センサスで検討する。高知県にある八一の漁業地区のうち、半数近い三九地区が、世帯員五〇人以下である。

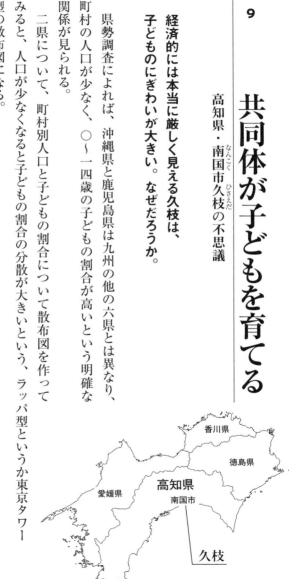

①子どもの数がゼロの地区二二。それらの地区の平均世帯員数二・三人。
②子どものにぎわいが〇・〇四三〜〇・一四三の一〇地区。
③子どものにぎわいが〇・二二二〜〇・五七一の七地区。
以上、三つのグループに分かれた。②と③の子どものいる地区一七の平均世帯員数は、二・三人である。

子どものにぎわうグループ③から見てみる。子どものにぎわいが〇・五七一と最大の南国市久枝は、本書45ページの表で高知県の第一位でもある。久枝の一労働力当り販売金額は一〇〇万円である。久枝は個人経営体のみ一〇で、世帯員は三三人。一四歳以下一二人、一五歳以上二一名という構成である。労働力一〇人のうち六五歳以上が七人で、推定平均年齢六〇・五歳と高齢化の進んでいる地区であるが、二五〜二九歳、三五〜三九歳、五〇〜五四歳に各一人いる。そこに皆四人の子どもがいれば、このように高い子どものにぎわいとなる。

同様のことはグループ③で、久枝と同様に個人経営体のみの、宿毛市の母島、弘瀬、小筑紫、鵜来島等の、子どものにぎわいが〇・二二二以上と高い地区についても言える。四地区の子どものにぎわいは平均〇・二九七と高いのだが、一労働力当り販売金額は一一五六万円ある。久枝の一〇倍以上である。サンゴ採取と思われる母島を除くと、三一九万円である。

久枝の販売金額一位の漁業種類は、その他の刺網七、ひき縄約三である。所有漁船は船外機船五隻、動力船四隻（計一五・一トン）である。

二〇一八年漁業センサスによれば、高知県では二五ヶ統ある大型定置網のうち、会社、漁協、生産組合ではなく、明確に共同経営によって運営されている漁業地区が、野根、佐喜浜、椎名、三津、羽根町、以布里《いぶり》の六地区ある。

個人経営体が平均一一と共同経営一の、いわゆる〈村張りの定置網〉のあるこれらの漁村の労働力の年齢構成を見ると、共同経営に参加している漁業者が若く、個人経営体の子どももゼロとは全く異なる状況が推察される。

共同経営以外の個人経営体については、漁業センサスで世帯員構成が明示されている。その子どものにぎわいはゼロが四、他は〇・〇四三と〇・一四三と淋しい。

いっぽうで〈村張りの定置網〉を運営する漁業地区の労働力は平均三四・五人、平均年齢は五四・四歳、そのうち雇用者は二〇・八人という数字も出てくる。

この三四・五人の労働力の年齢組成を見てみると、二〇～四九歳の男女込みの人数が四人から二〇人で、平均一三・二人である。これは子どもを産み出す力としては非常に心強い。

そこで、高知県の世帯員が五〇人以下の漁業地区について、二〇～四九歳の男女込みの労働力の人数を経営体内容別に見てみる。

個人経営体のみが二四地区あり、平均二・五人と高齢化しており厳しい。雇用者は平均四人である。個人経営体と会社のある地区が六で平均一三・七人、雇用者は平均三五人、個人経営体と会社、漁協そして共同経営のある地区が三で、平均一〇・三人、雇用者数は二四・三人であった。

このことから得られる結論は、経営者と雇用者の区別はつかないが、共同経営の大型定置網の作業現場では、二〇～四九歳の男女込みの人数が会社経営のある地区と変わりなく存在し、活気があるということである。

かつ雇用者の割合が小さいということは、〈村張りの定置網〉では漁への意気込みが高いということかもしれない。

なお野根以下、六地区の一労働力当り販売金額は平均五四三万円である。二〇一五年の国勢調査によると、六地区の子どものにぎわいの平均値は〇・〇七七と推定できる。

個人経営体と共同経営に参加する漁家における、子どものにぎわいの格差は、大きいものと考えられる。


高知県の世帯員五〇人以下の漁業地区について、子どもの数がゼロの一五地区のうち、全経営体が個人経営である一一地区にあらためて注目したい。

これら平均経営体数九・六の地区は、一一月一日の海上作業での雇用の有無で二つに分かれる。雇用のある六経営体は平均七人の雇用があり、労働力も平均一八・六人（平均年齢六一・二歳）である。結果として平均販売金額も一五六六万円と多い。

もう一方の、雇用のない自家労働のみで労働力平均九・二人（平均年齢六九・三歳）という五漁業地区には、労働力の全員が七五歳以上という超高齢の地区もある。平均販売金額は一六〇万円と少ない。

久枝の現状は経済的には本当に厳しく見える。しかし、右記の雇用のない個人経営体の五漁業地区が子どももゼロで、少子高齢化の極みとも言える漁村であるのに対して、久枝では子どもがにぎわっている。これをどう考えるか。

沖縄県と共に、鹿児島県南西諸島の子どものにぎわいは大きい。45ページの表で鹿児島での一位が三島《みしま》村の〇・三六一である。そこで高知県の久枝とこの三島村とを、子どものにぎわい一位同士で比較してみる。

一〇経営体の久枝と、合計二〇経営体の三島村が、共にすべて個人経営体で平均漁獲物販売金額が一〇〇万円であること。労働力は、久枝（一〇人）の平均年齢六〇・五歳、三島村（一九人）の平均年齢六一・三歳と似ているが、双方の年齢組成が老若二極化しており、共に子どものにぎわいが大きい。

二〇一五年の国勢調査を見ると、久枝の子どものにぎわいは〇・〇六四、三島村は〇・二四八と、共に漁業地区のそれより小さい。しかし、産業別就業状況に「漁業」と回答した人が、久枝では一五歳以上の一九七人中一人であり、三島村では一九五名中四名と、漁業センサスの労働力の人数より大幅に少ない。

共に漁業を仕事としてやっていると考えている人が少ない。実際、漁業センサスの兼業調査では、漁業以外の仕事に雇われていると回答している人数が、久枝で四人、三島村で一四人いる。結局、共に漁業センサスでは漁業地区（漁村）として扱われているが、久枝は現在では、三島村は昔から、漁村としては成り立ち得ない地区なのかもしれない。


久枝と三島村に共通するのは、貧乏人の子だくさんという言い方しか思い浮かばない。なぜそうなのかは、日本のこれまでや世界の現状を見ればいろいろ考えられる。

一つの参考資料を見てみる。世界の合計特殊出生率ランキング（二〇二〇年）において上位一〇位までの国の平均値は五・五五ですべてアフリカにある。六二位にイスラエルがあり二・九〇である。ＯＥＣＤの先進三八ヶ国に関するまとめでは、イスラエルがぶっちぎりで一位である。

朝日新聞のエルサレム支局長の高久潤は、二〇二三年五月にその理由として、①子は神の恵みというユダヤ教の教え。②ユダヤ人が経験したホロコースト。という多くの専門家の説明とは別に、③家族や友人といった身近な人たちを頼る力の強さを考えている。

筆者も本書において、子どものにぎわいの大きい漁村について、その理由として証明はできないが、共同体の力を暗黙のうちに考えている。これは自殺の少ない島についても同じことである。

10

福岡藩とベッドタウン

福岡県・糸島市がにぎわう理由

マダイ養殖の代替として始まった
かき養殖と、繁盛しているかき小屋。

アルネ・カランド（一九九五）『徳川日本における漁村』において、一八二五年と一八七四年の福岡藩筑前海における漁村の区分が、一八八九年の水産事項特別調査と全く同じである。

これらの漁村が自然村であり、その後の合併で水産事項特別調査では大字となっていることを示す。筑前海では水産事項特別調査の大字単位で、戦後間もなく漁業協同組合が結成されている。

手元にある第七次漁業センサス（一九八三）以来、その漁業協同組合の関係地区を漁業地区区分としている。その結果、カランドの同書で漁村の人口が表示されている場合には、現在の漁業センサスまで通して人口の変動を知ることができる。

そのような目で見る時、筑前海では、福間、能古島、船越、岐志新町、姫島が、一六八八年

当時の人口から知ることのできる漁村として表出してくる。

ここでは、現在の糸島市にあたる岐志新町、船越、姫島の三地区について、人口と子どものにぎわいの変遷を見てみる。二〇一八年の漁業センサスで、福岡県では岐志新町が子どものにぎわいが一位だからでもある。

同時に村史等の資料により、新宮、相島（福岡県）、尻屋（青森県）、豊後姫島（大分県）、神津島、利島（東京都）、初島（静岡県）のそれぞれの人口の、同時代の変動も見てみる。


日本の総人口は江戸幕府成立の一六〇三年の一二二七万人から緩やかに増加し、一七〇〇年代から一八〇〇年代後半の明治維新までは三〇〇〇万人の前半と安定していた。その後、二〇〇四年の一億二七八四万人のピークまで一九四五年の七一九九万人を経て一気に増加した。

この大きな流れと、筑前海の漁村の人口変動とを比較してみる。

カランド（一九九五）と町村史誌等によって一六〇〇年代と一七〇〇年代の江戸時代の平均人口を推算し、二〇一五年と二〇二〇年の国勢調査により算出した現代の人口とを比較した。

岐志新町：九四六人→一二〇七人、船越：四二九人→五三二人、姫島：二三五人→一四一人、新宮：七〇八人→三万一三九五人、相島：四四八人→二四一人、尻屋：一八九人→二九四人、豊後姫島：一五四九人→一八五八人、神津島：一三九〇人→一八七三人、利島：三四四人→三三二人、初島：二〇八人→三〇一人、となった。

筑前海の五つの漁村のうち、九州本土の三地区（岐志新町、船越、新宮）が増加し、二つの離島地区（姫島、相島）が減少している点は、日本の概要との関係からも納得がゆく。漁業の専業度が高い離島の人口が減少しているのは止むを得ない。現在同じ新宮町に属する相島と新宮の関係については、カランドとの因縁も深いので後述する。

いっぽう尻屋以下、五つの漁業地区については、四つの離島も含めてすべて人口が増えている。利島は一二人減少だが、ウィキペディアには増減が激しいが長期的に見ると人口増加率が近年はほぼ〇％であるとしている。

豊後姫島以外の四地区は、本書で取り上げている〈元気な漁村〉である。姫島はクルマエビ養殖日本一の島でもある。〝水口憲哉・水口美佐江（二〇二四）クルマエビと農薬〟でインターネット検索すると詳しい内容がわかる。

一九四七年から四九年生まれの「団塊の世代」の出生時から、一四歳になるまでの一九四七年から一九六三年までの子どものにぎわいは、当然高かった。それが戦後の子どものにぎわいが高くなることの原因となっている。二〇〇三年から二〇〇五年の三年間の出生数の、およそ二・五倍に当たるという。その後三年間も出生数は二〇〇万人をこえる。そこで一九五一年生まれまでを含めて、合計五年の間生まれた人たちを、広義の「団塊の世代」と呼ぶこともある。ただし沖縄県では状況が異なる。

このような状況の一端を、福岡県糸島市加布里《かふり》でもどうにか知ることができる。一九五四年に子どものにぎわいが〇・五三四と大きい。以後加布里は子どものにぎわいが二〇一三年の漁業センサスで少し上昇するが、基本的には一九六八年から二〇一八年まで変動しながら確実に減少傾向を示す。なお加布里は糸島市に合併する前は前原町だったが、江戸時代は福岡藩ではないのでカランド（一九九五）では検討されていない。

一九八三年以後、他の漁業地区の中に一九九八年の〇・四一八という高い値の前後に少し上昇する姫島があるが、基本的に加布里と同じように減少傾向を示す。中でも岐志新町が四漁業地区中最も低い値で経過していたのが、ここ十年増加し始め、二〇一八年には福岡県で一番の子どものにぎわいとなった。

このことと関連して、かき小屋が繁盛したことが考えられる。

亀岡鉱平（二〇一八）「漁業権の運用における漁協の役割」（『農林金融』二〇一八、四月号）によれば、現在かき小屋は糸島漁協の八本支所中、本所の岐志新町、支所の船越、加布里、福吉で行われている。かき養殖はマダイ養殖の代替として始まり、野北、深江の支所でも行われているが、芥屋、姫島の支所では行われていない。

かき養殖業者は五月から十月まではマダイの吾智《ごち》網を操業し、十月から四月はかき小屋を開設する。かき小屋を始める前の漁船漁業のみの二〇一一年と二〇一七年を比較した場合に、漁業経費がかからず漁業収入の多いかき養殖をやるようになり、漁業所得がほぼ倍になった。

漁協資料によれば二〇一六年の四地区のかき小屋での就労者数は六三〇人（うち九八人が漁業者）であり、完全に一つの産業となっている。二〇一六年度には来客数が四四万人となっているが、二〇一三年度の調査では福岡市内からの来客が四五・一％、糸島市内四・六％、二市以外の福岡県内三四・八％、県外一五・五％であった。二〇二二年度に一五七万人と増加しつつある人口を抱える福岡市に隣接していることが、かき小屋を発展させている。

アルネ・カランドは一九八八年にノルウェーのオスロ大学の東アジア研究学部で、「徳川時代の漁村：福岡藩の事例」により博士号を取得した。それが一九九五年に冒頭の本として出版された。

彼の日本の漁村に関する出版物は一九八一年の「新宮：日本の漁村共同体」が最初である。一九七五年に夫婦で新宮に住み、まとめたもので、一九七八年に再訪しており、江戸時代から一九七八年までの新宮の漁業の歴史を把握している。

同書では、近現代の新宮の漁民の生活実態を漁家収入も含めて検討している。日本の研究者はほとんど検討していない、貴重な報告である。

カランドは一九八四年に大阪の国立民族学博物館のケネス・ラドルと秋道智彌の要請でシンポジウムに参加し、「徳川時代の海の保有：福岡藩の事例」という江戸時代の漁業制度について報告している。基本的にその枠組みは三井田恒博編著（二〇〇六）『近代福岡県漁業史』の付図一、福岡県成立以前の藩領地と浦からと四、玄海専用漁業権漁場連絡図（昭和八年六月）の四枚と変わらない。

カランドの二冊の本は、江戸時代から近現代まで通して、漁業制度と漁村の成り立ちを研究している大変参考になった本であり、貴重で希有である。

新宮町における相島と新宮との関係について述べる。

一九七八年四月三〇日の人口が相島七〇二人、新宮九八〇人とあるがそれは大字別での話で、新宮町全体としては一万三三四〇人である。相島は現在も漁村として維持されているが、新宮では漁業がほとんど消滅している。二〇一八年漁業センサスでは、相島が三二経営体（うち会社一）、新宮が四個人経営体である。

新宮の一九九〇年頃の子どもの世界が、坂口恭平（二〇一三）『幻年時代』で、NTTの社宅にいる坂口と、先住民の漁師の集落の子どもたちとの交流を通して描写されている。NTT社宅跡地等での宅地開発も進み、新宮町の人口は二〇一六年に三万一一三九人、二〇二二年に三万三六一五人となっている。

人口増めざましい福岡市の東のベッドタウンと化しつつあるのが新宮町であり、西のベッドタウンが糸島市である。糸島市の船越や岐志新町もどうにか江戸時代より人口増になっている。

新宮町の存在は藻谷浩介（二〇一七）で人口増の元気な町として知った。

11

奥《おう》武《じ》島《ま》の再生

米軍基地と沖縄の貧困を考える

子どものにぎわいが漁業地区で県内最低だった奥武島は、二〇一八年に県内第二位となった。

二〇一八年漁業センサスでの、沖縄県における子どものにぎわいは、嘉手納《かでな》がダントツで〇・四二〇。二位が南城市《なんじょうし》玉城《たまぐすく》で、〇・三七四となっている。

嘉手納地区が二〇一八年に〇・四二〇になったが、漁獲物の平均販売金額は一〇〇万円とはいえ、前回の二〇一三年は〇・二一一。一九九八年には一四歳以下の子どもはゼロでも、一五歳以上の世帯員は二七人いるので、貧乏人の子沢山ということでもない。なぜ二〇一八年に三五～三九歳四人、四〇～四四歳一人、四五～四九歳二人となって子どもが増えたのかはわからない。

そのこととどう関係しているのかはわからないが、次の現象は顕著である。

沖縄県中部の一〇市町村の漁獲量が、米軍基地のある嘉手納の両隣の読谷村《よみたんそん》と北谷町《ちゃたんちょう》をはじめ、二〇一一～二〇一五年の間に減ってはいないのに、嘉手納町のみが六、四、四、四、二トンと減少している。この減少傾向は一九七三年以来の長期的資料を見ても明らかだ。

第一種共同漁業権は読谷漁協と嘉手納漁協が共同第一三号を共有している。読谷漁協が大型定置網やモズク、ヒトエグサ養殖等を多様に展開しているのに対して、嘉手納漁協は、その他の漁業、その他の釣、採貝・採藻などと見るべきものがないのも事実ではあるが。

嘉手納町は総面積の約八二%が米軍嘉手納基地に占められるという特異な状況におかれ、残されたわずか二・七二km²の中で、一万三〇〇〇人の町民がひしめき合っている。

県内で米軍基地の占める割合が一番高いことと、漁業地区の子どものにぎわいが一番大きいということとの間に、どのような因果関係があるのかわからない。

沖縄県の二〇一九年一月の町村別子どものにぎわいは、県勢によれば南風原町《はえばるちょう》が〇・二五八で一位で、読谷、嘉手納、北谷の中では嘉手納が〇・二〇八と一番低い。

読谷村との境を流れている比謝川《ひじゃ》は沖縄本島

最大の流域を有する河川である。河口域に昭和一九年日本陸軍沖縄中《なか》飛行場が建設され、終戦前には米軍の上陸地点となり、ここの中飛行場は極東最大の嘉手納米空軍飛行場となった。

嘉手納は昭和二三年に北谷村から分村した。嘉手納町は平成二〇年三月に完成した総事業費二一八億円余のタウンセンター開発事業、マルチメディア関連事業誘致事業、総合再生事業等により観光客や就業者の流入が起こった。

現在、町としては米軍基地を除いた場合、日本で最も人口密度が高い。

沖縄県では約半数近くの人々が戦没し（澤田佳世、二〇一六）、根こそぎにされた。収容所生活を余儀なくされた人々の、その後七十八年の暮らしの結果としての現在がある。もとの場所にもどったが九割から始まり現在でも三～八割の土地が米軍基地とされて、読谷村、嘉手納町、北谷町では生活に使えていない。

それが直近十五年間の漁獲物平均販売金額の低さ、貧しさとして表れている。

読谷の十五年間平均漁獲物販売金額は二五七万円、子どものにぎわい〇・一四八。嘉手納一二〇万円、〇・二五八。北谷一〇八万円、〇・三一〇。

一村二町の平均一六二万円、〇・二三九。沖縄県は五九九万円、〇・一六四、玉城六一〇万円、〇・二二〇。

出発点は同じだが、米軍基地のない玉城の奥武島は、後述するように一九五一年の台風によってほとんどの漁業者が亡くなるという海難にもかかわらず、再生した。読谷村、嘉手納町、北谷町の一村二町は、『なぜ基地と貧困は沖縄に集中するのか？』（安里長従・志賀信夫、二〇二二）を体現している。

一方、東北の貧乏な寒村と思われている青森県下北郡東通村は、人口六八八二人（二〇一九）、子どものにぎわい〇・一二一。ちなみに読谷村は人口四万一四四六人、〇・二〇九。嘉手納町一万三六八一人、〇・二〇八。北谷町、二万九〇九七人、〇・二一八。

東通村の七つの漁業地区について、二〇〇八～二〇一八年の三回の漁業センサスの平均販売金額と子どものにぎわいは、石持《いしもち》四〇四万円、〇・一二五。野牛《のうし》一九五六万円、〇・二〇三。岩屋三〇〇万円、〇・一四〇。尻屋一六二一万円、〇・二四二。尻労《しつかり》九六八万円、〇・一〇〇。小田野沢一四八万円、〇・〇八三。白糠《しらぬか》二五〇万円、〇・〇九九。

七地区の平均は八〇七万円、〇・一四二となる。七地区の平均販売金額が沖縄県や玉城より大きい。特に野牛と尻屋が目立つ。いかに沖縄県の漁業地区が貧乏であるかがわかる。

沖縄県の特異性を考えても、貧乏人の子沢山という傾向以上のものが、ほの見える。以前は貧乏であっても助け合いの精神で乗り切ってきたものが、沖縄でも個人主義といった〝日本化〟が進んで「貧困」に陥っている。

筆者の体験から言えば敗戦後の時代は満洲からの引きあげと重なったが、まがりなりにも幸せな子ども時代を送ったと思っている。しかし、沖縄の子どもたちにとっては〝戦後二七年間のアメリカ統治は「空白の二七年間」といわれております。〟という状態であった。現在においては貧困とは人間関係が分断され孤立化する、誰かに「助けてくれ」と言えない状況とも言える。（沖縄県子ども総合研究所編 二〇一七『沖縄子どもの貧困白書』）

北谷町は、米軍が極東最大の嘉手納空軍基地を建設、運営していくうえでの中心地域になった。二〇〇八年三月の沖縄県の資料によると北谷町の嘉手納飛行場など四施設の米軍基地により、町土面積一七・七七㎢の五二・九％が占有されている。

町村面積に占める米軍基地の割合は、嘉手納町が八二・〇％、読谷村が三五・六％である。読谷村は一九七三年の日本復帰時には全村域の七〇％を米軍基地が占めていた。ということは、読谷村の場合、復帰後三十五年の間に三五％が返還されたということになる。

そのことは北谷町についても言えることで、一九七三年以後の大規模な米軍基地返還だけでも、一九八一年のキャンプ瑞慶覧《ずけらん》の六一五・二五六㎡、二〇〇三年のキャンプ桑江の三八万四〇〇〇㎡がある。

米軍基地が返還されたその後の跡地利用は、三割が公共用地で七割が宅地であり、結果として消費者人口が増え、三次産業が盛んになり、間接的に水産物の需要も増えた。

読谷村、嘉手納町、北谷町の一村二町の漁業地区の子どものにぎわいは、沖縄県と同じく、一九九〇年代後半までは低位であるが、似たような減少傾向を示した。

しかしそれ以後は二〇一三年の北谷町の〇・五四三とか、二〇一八年の嘉手納町の〇・四二九という、基地返還や振興策と関係するのか特異的な上昇を見せる。

山内昌和ほか（二〇二〇）が指摘したような、沖縄県の合計出生率が本土より高い理由とは別の、基地の存在による貧困が原因の子どものにぎわいの変動が見られる。米軍基地の存在に依存する、特異なものとも言える。

よく言われる次の数字とはまた別の貧困の表出が、基地のある町村の漁村の子どものにぎわいに起こっているのかもしれない。二〇一六年の沖縄県内の子どもの相対的貧困率は、二九・九％にも上る。全国平均は一三・九％である。


『玉城村誌』（一九七七）によれば一九三一年頃の玉城村奥武島は、糸満に次ぐ漁村で、約一七〇世帯、漁業従事者は約三〇〇人であった。『奥武島誌』（二〇一一）は一九五三年から二〇一〇年までの平均世帯数二五七、人口は一〇八一人としている。

沖縄戦では沖縄県の人口の二分の一の人々が亡くなった。奥武区では一〇六〇人中、二〇四人が戦没している。そして一九五一年のアイリス台風による大量遭難、二四隻五五人の出漁者中、生還者一四人という惨事があった。

この四一人という死者の数は、二〇一八年の漁業センサスにおける漁業就業者数四九人にも匹敵するもので、漁協総くずれの感がある。『奥武島誌』は、一九五〇年と一九六五年の間に漁協組合員が一六四から八〇（専業が一一二から三〇）に、漁獲量が一三〇トンから四六トンに減少したとしている。

このような結果の一部が、一九七三年の沖縄県における第一回の漁業センサスの、玉城の子どものにぎわいとして表出している。一九五一年に出漁していなかった一四歳以下の子どもが三六歳以下の男子として漁業に従事しているが、結婚相手に恵まれるまでは至っていないという形で表れている。

年齢別世帯員数は四四歳以下の男性のうち二〇歳以上が二八人だが、女性は二〇～二四歳が〇。二五～四四歳は八である。少なくとも男性の二〇人は未婚であり、結婚している可能性のある男女から七人の子どもが出生している、と考えられる。その結果、〇・〇七二という子どものにぎわいの低さとなる。

この一九七三年の玉城（奥武島）の現象が非常に特異であることは、読谷、北谷、玉城、粟国《あぐに》の四漁業地区について、一九七三～一九九八年の漁業センサスによって、二〇～三九歳の女性の推定平均年齢と子どものにぎわいとの関係を見てみた場合に明確となる。

玉城の一九七三年を除くと、全体としては $R^2 = 0.380$ という正の相関関係、すなわち女性の推定平均年齢が高くなると子どものにぎわいが大きくなる、それまでに出産した子どもの数が多いという、女性の再生の力の強さを示す当然の傾向が見られる。

しかし玉城は、一九七三年には子どものにぎわいが最低であるにもかかわらず、女性の推定平均年齢は三二・〇歳で比較的高いという特異な位置にある。

漁村における台風による大量遭難の他事例としては、愛媛県の日振島《ひぶり》がある。日振島では一九四九年のデラ台風により、出漁した三六隻の一〇六人が死亡した。田中皓正（一九九七）『日振島の昭和史』で一九四九年から一九七一年までの小・中学校の卒業者数の変遷を見ると、有意な減少は見られない。

日振島の四五〇戸二三〇〇人のうち七割が漁業に従事しており、奥武島に較べて子どものにぎわいへの影響が少ない、ということなのかもしれない。

奥武区においては米軍が侵攻の際、保養施設（野球場）を建設するということで、ブルドーザーで家や屋敷を跡形もなく敷き均《なら》した。

終戦により住民が奥武島への立ち入りを許可された時には、土地の境界が不明だった。一九四六年三月六日の区の常会において、屋敷を一軒一区画五四坪とし、均等配分することを決めた。部落内の屋敷以外の山林原野は全部字（奥武）有とした。

玉城（奥武島）の子どものにぎわいは、一九七三年の漁業センサスでは沖縄県の漁業地区中最低の〇・〇七二だったが、一九七八年には、二〇～四四歳の男性が五二名、女性が三七名、子どものにぎわいが〇・三七六となった。

その後一九八八年より二十五年間低迷を続けたが、二〇一八年には〇・三七四と、沖縄県では嘉手納に次ぐ大きさとなっている。

なお、漁業センサスでは奥武島は南城市玉城となっている。奥武島は行政的には旧玉城村に属するが、その漁港は奥武島に一つあるのみである。

現在の奥武島漁業組合（水産行政的には知念漁業協同組合奥武島支所。奥武島在住の正組合員は二〇名）の組合員六八名中、旧玉城村の本島在住の組合員は二一名、奥武島在住は一七名、南城市以外の那覇等に在住の準組合員は一〇名というように多様である。

漁業センサスでは二〇一八年に個人経営体三四、共同経営一となっている。この共同経営について、知念漁協では三個人経営体のモズク養殖としているが、奥武島漁業組合長はガツン（メアジ）漁ではないかと考えている。実に複雑であいまいである。

南城市玉城字奥武として、二〇一一年に六二七ページの前出『奥武島誌』を刊行している。この字誌には一九一二年より四五年までの海頭日記帳の抜粋をはじめ、奥武島の自治の歴史に関する貴重な資料が多数収録されている。

奥武島の再生の歴史を語る字誌でもある。

第III章

しぶとく確かな生き方

12

沖縄と子どものにぎわい

お金ではできない少子化対策

漁村の相互扶助を考え、元気の程度を教えてくれる子どものにぎわい。

沖縄県の子どものにぎわいが大きいことを考えてみる。

澤田佳世（二〇〇五）によれば、沖縄の戦前の普通出生率は二五・〇前後で、日本の平均水準三二・七を大きく下回っている。

その理由として、医療や公衆衛生、および栄養の劣悪な環境と、男性の単身による出稼ぎや海外移民が多く、再生産可能年齢層の男女の現在人口に大きな開きがあったことが影響していると考えられている。

沖縄の出生率は、日本政府の「産めよ殖やせよ」政策を背景に、一九四二年には三一・六（日本平均三〇・九）に上昇した。戦後になると沖縄と日本の出生水準は逆転し、沖縄の出生率は日本平均を上回り、子どものにぎわいも大きくなる。

山内昌和ほか（二〇二〇）はこの戦後の傾向について、沖縄県に特有の文脈効果の影響——

具体的には、多くの子どもを持つことを望ましいとする価値観、結婚前に子どもを授かることへの寛容さ、家系継承が父系の摘出子に限定されるという家族形成規範の、三つの家族観が出生行動に影響を及ぼし、沖縄県の有配偶者女性の子ども数が多くなるからであるとしている。

本書では、〈元気な漁村〉の一つの指標として、漁業センサスの漁業地区別、子どものにぎわいを用いている。その検討をあらためて行う。

藻谷浩介（二〇一七）は、次世代再生産性という考えをもとに、次世代再生産性の指標の高い自治体は、

子どもの多い家庭を社会が温かく助ける気風を残しているのであり、都会ほど、東日本ほどそういう相互扶助が少なくなっていると推論されるのだ。地方創生とは、子どもを好きなだけ多くもつことができる、生活費が安く、相互扶助の気風の残る地方に、若者を多く戻すことで、日本の消滅を可能な限り後送りする、いずれは逆転の人口増加を可能にする、そういう取り組みなのである。

としている。次世代再生産性は「〇～四歳人口÷二五～三九歳人口×三」によって算出する。

藻谷（二〇一七）は二〇一五年の国勢調査より、「具体的検討資料としてあげている生産性の高い

上位二〇市町村（同指標の非常に高い沖縄県および鹿児島県薩南諸島を除く）を見てみる」として、具体的に漁業の盛んな海に接する町村として東京都神津島村と長崎県小値賀町《おぢかちょう》をあげている。その二〇市町村の中に、現在は漁業は盛んではないが、海沿いの町として福岡県新宮町が入っている。

言いたいことは、次世代再生産性の指標を算出するには、〇～四歳人口が必要だということである。

本書では子どものにぎわいを常に算出しており、〇～一四歳を子どもとしている。漁業センサスで世帯員の人口組成について〇～四歳が表示されているのは、一九七八年（第六次）の調査のみである。そこで一九七八年の漁業センサスを使用して、子どものにぎわいをいろいろな角度から検討してみる。

まず藻谷（二〇一七）の次世代再生産性について検討してみる。沖縄県の全漁業地区（五四）について調べると、子どものにぎわいとは正の相関関係が見られ、ともに大きくなるがそのR^2は0.285と小さい。

次いで子どものにぎわいと、CWR（Child-Woman Ratio）と言われる子ども女性比（〇～四歳の人口と一五～四九歳の女性人口の比率）との関係を見てみる。全漁業地区について正の相関関係が見られ、R^2 = 0.434となる。

最後に漁業地区別の子どものにぎわいと、合計特殊出生率（※1）（TFR = Total Fertility

Rate　一人の女性が生涯の間に産む子どもの数）の関係には、強い正の相関関係が見られ R^2 = 0.671 となる。

すなわち藻谷の次世代再生産性からCWR、TFRまでを比較すると R^2 が次第に大きくなり、TFRが子どものにぎわいと最も強い関係があることがわかる。

以上のことから、石崎昇子（二〇〇五）『近現代日本の家族形成と出生児数　子どもの数を決めてきたものは何か』が指摘しているように、人口動態研究において出生の指標として最も重要視されるのはTFRであるが、それと本書で扱う子どものにぎわいが最も近似している指標であることが明らかとなった。

漁業センサスで現在も入手可能で、国勢調査や県勢調査でも同様に入手できて使いやすい、子どものにぎわいという指標が、漁村の相互扶助を考え、〝元気の程度〟を考える際に最もふさわしい指標であることが明らかになった。

沖縄県と東京都の漁業地区における、子どものにぎわいの変遷を見てみる。

漁業センサスより、沖縄県について、本島の米軍基地の多い読谷村、嘉手納町、北谷町、独自の道をゆく奥武島のある玉城、そして離島の渡嘉敷島、粟国島、座間味《ざまみ》島、渡名喜《となき》島の八地区について整理した。

まず最大値が調査最初の年の一九七三年にあるのが、沖縄県（〇・五四一）と読谷村（〇・

四三八）である。次いで一九七八年にあるのが玉城（〇・三七六）、渡名喜島（〇・四二五）、粟国島（〇・六三三）であり、一九九八年にあるのが座間味島（〇・四六四）である。二〇一三年に最大値があるのが渡嘉敷島（〇・五八三）と北谷町（〇・四二九）である。そして二〇一八年に最大値となるのが嘉手納町（〇・四二九）であり、実に多様である。

子どものにぎわいの平均値は、全地区八〇の平均値で〇・二四九となり、沖縄県（〇・二五四）と似ている。このように全地区を平均すると沖縄県平均と似た結果になるが、変動の仕方は多様である。その変動の仕方を具体的に見てみる。

沖縄県平均は、一九七三年の〇・五七一から一九七八年の〇・三五一、二〇一三年の〇・一五三まで一定傾向で減少し続けるが、二〇一八年に〇・一九〇とやや増加する。

これと似た傾向を示すのが渡名喜島である。ただし以下の点で異なる。一九七三年が〇・〇八六で一九七八年が〇・四二五と最大になる。以降は沖縄県平均よりすべて低い値で経過して平均値〇・一五二と八地区で最小となり、二〇一八年も低下し続け〇・〇七〇と最低となる。

読谷村と北谷町は逆の傾向だが三つの山がある。

読谷は一九七三年に最大値（〇・四三八）、一九九八年に次の山（〇・二二二）、そして二〇一八年に〇・一九〇となり前回の〇・一五三を少し上回る。北谷は一九七三年に〇・三〇八、一九九八年（〇・三四四）、二〇一三年（〇・五五〇）で最大となり、二〇一八年に〇・二六〇となる。

嘉手納町は二つ目の山がない。一九七三年（〇・三六三）から一九九八年の〇を底に、二〇一八年（〇・四二九）とすり鉢状である。奥武島は一九七八年（〇・三七六）のピークの後に二〇〇八年（〇・〇六五年）まで減少してゆくが以降二〇一八年（〇・三七四）まで急増する。これは右記の嘉手納と似ているようだが、第Ⅱ章「奥武島の再生」で見たように一九七三年に特別の事情が生じての後のことであり（96ページ）、全く異なる。

粟国島は一九七八年（〇・六三三）の最大値の後一九九八年（〇・四五〇）に二つ目の山があり、以降は二〇一八年（〇・三三八）と読谷とやや似ているが、子どものにぎわいの五十年間の平均値が〇・三七八と八地区で最大であるのが特徴。

座間味島は一九九八年に〇・四六四の最大の山があるが、一九七八年（〇・二七〇）と二〇一八年（〇・二五三）の山もある。三つの山があること、一九九八年に山があることは沖縄県の子どものにぎわいの特徴かもしれない。

渡嘉敷島は沖縄県と全く逆である。ずっと〇・二前後と低く始まり、二〇一三年に〇・五八三と異常に大きくなり、二〇一八年に〇・二六七と元に戻る。これは海業《うみぎょう》（※2）へのかかわりが盛んになったことと関係があるのかもしれない。

東京都には漁業センサスの資料が一九五四年から二〇一八年までである。

埋め立てで漁業権を放棄した江戸川区、大田区の二区と、伊豆七島の中でも元気な三島（利島、神津島、御蔵島）、と小笠原村を検討する。

前二者は子どものにぎわいの平均値が〇・一七七で後四者は〇・三五一と、その差が明確である。基本的には一九五四年の漁業センサスで平均〇・五七三と、一九七三年の沖縄県の〇・五四一よりも大きい。しかし、共に子どものにぎわいは一定傾向で減少し続け、二〇一八年に東京都は〇・一三三、沖縄県は〇・一九〇となる。

御蔵島は海業転換の関係で、漁業従事者の数をだんだん少なくしている。二〇一八年の漁業センサスでは五経営で子どものにぎわいは一・〇〇である。国勢調査で漁業を申告した人数は二〇一五年と二〇二〇年の平均値で二人であり、一五歳以上の就業者数二七一名の中、四二名がサービス業である。

小笠原村は、本土復帰から五年遅れた一九七三年より漁業センサスが実施されている。子どものにぎわいは〇・一六〇から二〇一八年の〇・四一三まで増加し続けている。第Ⅱ章でも述べたように特異な動きをしている。

二〇〇二年の臨時国会で、国の少子化対策も見習うべきと議論された兵庫県明石市の場合を見てみる。明石市では、子ども予算を二〇一〇年の一二六億円から、二〇二一年には二五八億円に増やした。財源は下水道整備計画を見直して捻出したという。

具体的には中学三年生までのこども医療費の二〇一三年からの無料化をはじめ、第二子以降の保育料完全無料化、中学校給食無料化等、さまざまに対応している。

「週刊金曜日」（二〇二三・三・二四）は、明石市がこの二十二年間で人口、世帯数共に増加していることを示しているが、一四歳以下の子どもの割合については全く触れていない。

そこで手元にある兵庫県県勢調査で検討してみた。

二〇〇〇年代（十年分の資料あり）の人口が平均二九万二二六〇人で、〇～一四歳の子どもの割合は一五・七％（子どものにぎわい〇・一八六）。

二〇一〇年代（十年）の平均人口は二九万五二二五人、子どもの割合は一三・九％（子どものにぎわい〇・一六二）。

二〇二〇年代（一年分資料）の人口は三〇万四九〇六人で、子どもの割合は一三・九％（子どものにぎわい〇・一六二）。

明石市では、たしかに人口は増加しているが、子どものにぎわいは変わらない。

少子化対策はお金でできることではない。難しい。

※1　合計特殊出生率　直訳すれば「合計出生率」だが最初の訳者が「特殊」をつけた。「特殊」はつけないほうがよい。
※2　海業　水産、観光、飲食業、釣りなどで、海に関係する価値と魅力を総合的に生かす産業。
二〇二二年の水産基本計画で「海業の振興」が明記された。

13

漁場破壊に立ち向かう

岩手県・宮古市重茂《おもえ》、陸前高田市米崎《よねさき》

お金を介さない気持ちの交換が築き上げる新たな助け合いの関係。

二〇一八年の漁業センサスで、岩手県の子どものにぎわいは、〇・一〇六と非常に低い。そのこともあって、一位の宮古市重茂が〇・一九〇、二位の陸前高田市米崎が〇・一七六であるのが、それほど目立たない。

この二つの漁村には漁場環境の問題で、筆者が深くかかわっている。重茂一四一と米崎二六、共にすべて個人経営体である。重茂には漁協自営事業がある。

米崎漁協に筆者が足繁く通ったのは四十年ほど前である。

米崎漁協は養殖業における漁場点数制でよく知られていた。一九七四年から一九九七年にかけて、金野博組合長主導のもとに行われた漁場点数制を要約する。

①漁場生産性の向上により漁家の所得を上昇させ、営漁指導や漁家の技術格差を是正することで漁家間の所得格差を少なくする。

②全体の施設台数は横這いで推移し、一経営体当りの規模拡大が進んだ。その過程で、ホヤの養殖が減少し、ホタテガイの養殖が拡大した。沿岸漁場寄りのカキ、ホヤの養殖からホタテガイの養殖へと転換が進められた。（平澤豊〈一九八六〉『資源管理型漁業への移行 理論と実際』、増井好男〈二〇〇一〉『養殖漁業地域における漁場利用と漁業経営、組織の課題』を参考）

漁場点数制の取り組みが進められている最中に、岩手県と陸前高田市が広田湾の埋め立て計画を発表した。米崎の南隣の小友漁協の干拓地に、石炭火力発電所を建設するというもので、湾内五漁協が埋め立て反対を表明し、陸前高田市に漁業振興調査の実施を要望した。

金野組合長をはじめとする市の関係者が、当時の東京水産大学をはじめ何カ所かを訪問し検討した結果、東京水産大学の教員三人と株式会社フィスコの職員四人の漁業振興調査研究グループが、この調査を引き受けることになった。

一九八一年五月より一九八二年八月まで一三回、のべ三四人が同市を訪れ、漁協および同婦人部、産地市場での聞き取り調査を行うと共に、県外事例調査や各団体、会社関係聞き取り調査を一三回のべ一八人行った。

一九八二年八月にその結果をまとめた一三八ページの報告書を提出し、同市で報告会を行った。最終的には計画は中止となった。筆者は金野組合長から報告書の生産見積りより、実際の生産額が上回ったという批判を受けた。

この陸前高田市広田湾が、二〇一一年三月東日本大地震による津波の被害を受けた。

重茂漁協については生活クラブ生協との関係も含めて、水口憲哉（二〇一七）「人新世の相互扶助論」（現代思想、一二月号）からそのまま再録する。

重茂　東日本大震災の後に素早く立ち直り始めた岩手県の重茂漁協と生活クラブ生協との相互扶助の取り組みは、自立的な重茂漁民の生産活動と共によく新聞等で取り上げられた。後述のテツオ・ナジタ（二〇〇九）は、相互扶助の経済に関する論考を江戸時代末期から始めて一九五〇年代の世田谷区における下馬生協の創立過程で終えている。生活協同組合が示す相互扶助の取り組みのその後についてもここでは考えることになる。

三・一一後に相互扶助が再考されることが多い中、雑誌「社会運動」（二〇一四年九月）は大特集「海から贈られた協同社会——協同組合の星・岩手県重茂漁協」により両者の長い関係性の内に見られる結びつきの強さを伝えている。

両者の生産者としての漁協と、消費者としての生協との提携という以上の関係が人新世につくり上げられた。生活クラブ生協が一九七六年四月、重茂漁協が力を入れ始めた養殖ワカメを共同購入したのが、取引の始まりだった。

それ以前に日本各地の漁村では、漁協婦人部を中心に合成洗剤を止めて、せっけんを使う運動が熱心に進められていた。両者のせっけん運動が独自にほぼ同じ時期に始められ、これが共鳴することにより協力関係は深まった。

養殖ワカメはその後天然ワカメに切り替えられ、天然ワカメが養殖ワカメより平均単価で一割ほど高くても質の面を評価し共同購入するという、両者が互いを評価し高め合う関係を続けている。

今世紀に入って、青森県六ヶ所村の再処理工場の運転開始が日程に上り始め、大量の放射性廃液が国の許可のもと海に放出されることが明らかになった。これに対し重茂漁協は組合総会決議で反対運動に動き出した。漁協関係、漁連関係への働きかけに協力できることはないかと、組合に電話したら、「生協に相談しますから大丈夫です」と言われた。

その結果の行動が二〇〇八年一月二七日の日比谷野外大、小音楽堂での「ロッカショ工場を止めませんかイベント&パレード」となった。大音楽堂では大小七つの生協や、消費者団体が呼びかけた「六ヶ所再処理工場に反対し放射能汚染を阻止する全国ネットワーク」の主催で三つのグループがステージに登場した。最初に八団体以上のグループからの、数十本のノボリが林立した。

大部分が女性の手による。次いで大漁旗を背景に重茂をはじめとする、六漁協の雨合羽（作業着）の老若男女、最後にサーフライダー・ファウンデーション・ジャパンを中心とするボードを持ったサーファーが登場した。〝Unplug〟のポスターを持った人も。

小音楽堂では〝No Nukes More Hearts〟と沖縄から青森まで全国からのミュージシャンのライブ。

これら二つの会場の二〇〇〇名近くの人々はその後銀座をパレードした。〝Nobody talks, Nothing changes〟ということで、乳母車の家族連れもあり何ともにぎやかで楽しい元気の出るものであった。

翌二八日には野音の三つのグループが集めた署名八〇万人分を国に提出し、国会議員一五名、代理人一〇名も参加して院内集会が開かれた。

二〇一七年一〇月一一日の朝日新聞は、六ヶ所再処理工場新基準の審査中断と報じている。この意味するところは、九七年の完成予定だったのが、トラブル続きでたびたび延期され、ついにここにきて完成が見通せなくなったということである。

河野太郎衆議院議員も、〈首都圏の海に放射能がやってくる〉という「週刊金曜日」の特集で、インタビューに答えるなど自民党所属議員としてギリギリの行動を閣内外で行い、核燃料サイクルの無理と矛盾を問うと共に税金の使い方を追及するなど、それぞれ一人一人のくらしと仕事の場での取り組みがつくりあげた現況とも言える。

放射能を海に捨てるなという都市住民、漁民、若者が、漁業権や協同組合運動といったものを離れてお金を介さない気持の交換を通して、新たな助け合いの関係をつくりだしている。

重茂漁協も米崎漁協も、放射能汚染や埋立てと汚染という、人新世における人為的漁場破壊を未然に防いでいる。だが、二〇一一年三月一一日の東日本大震災による津波は防ぎようもなく、多大な被害を受けた。人為は努力で防ぎ得たが、自然の影響には立ち向かいようがなかった。しかし二〇一八年の漁業センサスでは、岩手県漁業地区で子どものにぎわいが、重茂が一位、米崎が二位となった。ここに人の営みとしての凄さがある。

重茂の場合、漁業協同組合と生活協同組合という相互扶助の組織が提携して、新たな関係をつくり上げ、結果として特定可能な関係人口をつくり上げた。それがさらに拡がって、連帯や共同の波をまき起こした。

米崎では、営漁活動で築き上げられた協同の力が、漁場破壊を防ぐ大きな力となり、市内の五漁協を牽引した。

漁場破壊を防ぐことと、〈元気な漁村〉であることの関係を知る、一つの事例と言える。

14

相互扶助の経済

尊徳仕法——協同組合を中心とした連帯

漁協、農協、労働組合、生協があみだす、次世代との相互扶助。

漁村の相互扶助を考える際に、非常に参考になる本がある。テツオ・ナジタ（二〇〇九）『Ordinary Economies in Japan：A Historical Perspective, 1750—1950』。邦訳が、五十嵐暁郎監訳（二〇一五）『相互扶助の経済　無尽講・報徳の民衆思想史』である。

原著のタイトルのOrdinary economiesには適切な日本語がないが、原著者は〝相互扶助の経済〟が最適と考えている。まさに農村や漁村をはじめ、江戸時代から現在に至るまでの民衆の間に見られる、助け合いの仕組みを経済的に見たものである。

非常に内容の濃い本であるが、ここでは三つのことを取り上げる。

①定礼《じょうれい》という医療保険制度のはじまり　②尊徳仕法による水産振興　③下馬生協に見る生協運動のはじまり

定礼というのは、福岡県の医師井上隆三郎（一九七九）『健保の源流　筑前宗像《むなかた》の定礼』に詳しい。要は地域の医師へのお礼に、農村で米やお金を積み立てて用意するという制度で、まさに健康保険の源流とも言える。

その定礼が漁村であったのは、宗像郡の鐘崎と大島である。大正後半期から始まった鐘崎の定礼では、日本一の貧乏村と言われた漁民がその日は個人漁は一切漁止めで、みなでタイ網をやった。タイは市場に出荷し、医師からどうにかせいと言われた定礼の未納金を補った。

北海道庁経済部へ一九三七年に転任した遠山信一郎が、二年間の在任中に、二宮尊徳を信奉する北海道振興報徳会を道庁内で結成した。水産課の職員である安藤孝俊も、これに参加している。安藤は一九三三年に漁業協同組合係になって以来浜まわりをして、一九三五、六年頃北見の常呂《ところ》で組合運動をすすめている。このことを常呂の組合長が安藤との関係で語っている。そして戦後北海道の報徳人といわれる、酪農の黒沢酉蔵、農業の小林篤一と共に、水産の安藤孝俊が出現する。

協同組合経営研究月報五八五号（二〇〇二）の阿部貞明「野付《のつけ》漁協――報徳精神が支える北の漁協」によれば、一九四九年創立の野付漁協の四ヶ月後に発足した北海道信用漁業協同組合連合会の初代会長・安藤孝俊は、組織運営の基本方針に「他力本願を排し自主・自立・相互扶助による協同運動の確立」という勤労、分度、推譲の報徳哲理を導入した。

具体的には「消費の無駄をなくし、零細でも貯金を長期に積み立て続けることで巨額の貯金ができる」と、いわゆる積小為大の理を分かりやすく説き、貯金運動に結集させた。

この思想に共鳴し、現場で真正面から実行に取り組んだ野付漁協は、信漁連に先立つこと十年、一九五九年に組合員の中に災害、病気その他で困っているものが出た場合に、無利息、無担保で貸し付ける相互扶助制度である「善種金」を創設した。

佐呂間《さろま》漁協の阿部与志輝組合長が、二〇一〇年の「かがり火」一三六号で述べているように、一人当り日本一の貯金高であるこの漁協の仕組みは、初代と二代目の組合長の時代につくり上げられたものであるが、その精神は二宮尊徳の報徳訓にあったという。

これら常呂、野付、佐呂間の三漁協は、ホタテ貝桁網漁の共同経営によって高所得を得ている、北海道でも典型的な漁協でもあるので、119ページの表に内容をまとめた。共同経営が多いので子どものにぎわいはここでの数値より大きい。三漁協とも経営体として会社はない。

福島第一原発における海産物での放射能汚染調査を行った一九八〇年頃、ホッキガイの漁業管理で成果をあげている相馬市の磯部漁協を恐る恐る訪ねたことがある。この点は水口憲哉（一九八九）に詳しい。今から思えば、当時の門馬勝衛組合長は尊徳仕法の考え方で、市場の魚価に合わせて貝桁網で獲るホッキガイの一日の漁獲量を調整していたのかもしれない。

二宮尊徳の高弟・富田高慶が福島県北部の現相馬市から大熊町にかけての中村藩で熱心に

尊徳仕法を普及し、地域の人々もよく取り組んでいたからである。その単価と漁獲量の変動は水口憲哉（一九九〇）で紹介している。また水口憲哉（二〇一七）にある、浪江町棚塩の舛倉隆さんが行う私有地の共有化の考え方にも、尊徳仕法の影響があるのかもしれない。

ナジタ（二〇〇九）は、敗戦後の東京にも、相互扶助の気運があったことを見ている。竹井二三子は戦争で荒廃した東京で食糧と医薬品等が欠乏していたために二人の子供を失った後に、相互扶助の健康協同組合を設立し、さらには世田谷区に下馬生協をつくった。現在の生活クラブ生協と重茂漁協との関係は、110〜112ページに見た。

生活クラブ生協は、ワーカーズコレクティブへの取り組みにおいて一方のリーダーであるが、労働者協同組合法として、二〇二二年に法制化された。この労働者協同組合を漁村で考える。

本書では三ヶ所で〈村張りの定置網〉（大敷網）という考え方を検討してきた。（I章1、II章7、II章9）。時代の流れと行政の指導もあり、免許における優先順位の問題がらみで、経営主体は会社等の法人化が全国的に進行している。

いっぽう水口憲哉（一九八九）でも指摘したように、大敷網の操業に参加する人々は、〝その給料は事業者所得とみなされ、税率が高くなる。本来、高所得者に多くなるようにつくられている税制が、共同経営であるがゆえに、実質低所得の人々に厳しいものとなる。〟といった税制面の問題もある。

しかし、次に述べる労働者協同組合に対する課税制度ともからみ、認可地縁団体としてのみなし公益法人として、〈村張りの定置網〉の団体についての検討も必要であると考える。

参考にした二〇二三年の論文「労働者協同組合に対する課税制度」の著者、上松公雄さん（大原大学院大学会計研究科）にこの点をご教示いただいた。特定労働者協同組合として検討することもできるとのご教示があった。当事者たちが検討すべきことではある。

漁業センサスでは、村張りの大型定置網に共同経営の一経営体として参加する人々は〝出資し、事業に従事する〟と考えているが、協同労働が行われているにもかかわらず、法人とは認められず人格のない社団等として扱われている。

〈村張りの定置網〉を漁業協同組合自営ではなく、労働者協同組合として法人化することにより、漁業権の優先順位および税制の面でも、参加者にプラスとなる。検討してもよいのではないか。

ナジタ（二〇一五）の本に刺激されるようにしてまとめたのが、「人新世の相互扶助論」（水口憲哉、二〇一七）である。雑誌「現代思想」の特集〈人新世〉に、原発建設計画を拒否し、はねのけた漁村を中心とした地域である、棚塩、巻、萩、豊北、日高、蒲江、串間、珠洲、窪川、幌延、芦浜、熊野、大間、重茂の、各漁業協同組合を中心とした連帯がつくり出した反対運動を取り上げた。

漁業協同組合、農業協同組合、労働組合、生活協同組合といった人々の集まりが、人新世の難題である核利用を阻止し、次世代との相互扶助という未来をつくり上げている。

ナジタ（二〇一五）が考えているように、協同組合運動を、近代の文脈の中で新しく行われる互恵的社会関係としてとらえることで、現代の相互扶助論が見えてくる。

	市町名	佐呂間町	北見市	別海町
	漁協名	佐呂間漁協	常呂漁協	野付漁協
1	個人経営体数	84	106	96
2	子どものにぎわい	0.122	0.098	0.157
3	共同経営体数	3	9	78
4	平均販売金額（100万円）	44	116	15
5	個人経営体の家族	204	150	65
6	団体経営の責任ある者	2	7	215
7	雇用者	348	165	60
8	労働力人数	352	327	519
9	労働力の平均年齢	46.4	44.0	51.4
10	労働力一人当り販売金額（100万円）	11	40.8	5
11	漁協正組合員数	56	143	171
12	ホタテ養殖人数	49	118	0
13	ホタテ桁網漁人数	53	143	171
14	ホタテ漁獲量（トン）	10776	33713	25349
15	ホタテ漁獲金額（100万円）	2409	5434	7186

共同経営によって高所得を得ている北海道・常呂、野付、佐呂間の３漁協

1～10は2018年漁業センサスによる。5～7は11月1日現在の海上作業。11～13は水産庁 浜の活力再生プラン（第2期）による。14～15は北海道水産現勢（2018年）の市町村別漁獲量による。別海町以外は1市町に1漁協である。野付漁協は別海町のホタテ漁獲量の9割強を占めている。

15

各地の共同経営

北海道、兵庫、瀬戸内、沖縄の事例

共同経営体を構成する漁家の子どものにぎわいは個人経営体のそれより大きい。

漁業センサスの用語等の解説において、共同経営は次のように定義されている。

「2つ以上の漁業経営体（個人又は法人）が漁船、漁網等の主要生産手段を共有し、漁業経営を共同で行うものであり、その経営に資本又は現物を出資しているものをいう。これに該当する漁業経営体の調査は、代表者に対してのみ実施した」

会社、漁協、生産組合以外の組織、すなわち昔から地域に存在する相互扶助的で多様な漁業組織、いわゆる法人格のない組織をくくって、共同経営に押し込んだ可能性がある。

田中史朗（二〇〇三）『200カイリ時代の漁業共同経営―日本漁業再生の視覚―』は共同経営を高く評価しているが、山尾政博・鳥居 享司（二〇一七）「地域漁業を支える人材育成 浜のリーダーの役割を考える」は、大きな拡がりは見せなかったとしている。

事実、田中（二〇〇三）が図示したように、一九九八年に共同経営は四〇〇〇近く、会社経営が三〇〇〇近くあった。その後、会社経営が共同経営より多くなった時期もあったが二〇一八年には共に減少して、共同経営が一七〇〇、会社が二四五六になった。

ちなみに漁業協同組合は一六三、漁業生産組合は九六である。

二〇一八年の漁業センサスを都道府県別に見てみると、北海道の漁業経営体数一万一〇八九の内訳は個人経営体一万六、会社四一一、漁業協同組合二六、漁業生産組合一二、共同経営六二九、その他五である。

共同経営が二番目に多いのが兵庫県で、漁業経営体数二七一二、個人経営体二二四七、会社六七、漁協〇、漁業生産組合一、共同経営三九七である。

都道府県において、共同経営の数と漁業経営体数に占める割合を並べてみる。割合の高いほうから、兵庫三九七（一四・六％）、富山一五（六・〇％）、北海道六二九（五・七％）、秋田一六（四・一％）、大阪二〇（三・九％）、愛知五九（三・一％）、福岡六六（二・八％）、佐賀四二（二・六％）、福島九（二・四％）、島根三一（二・〇％）となっている。

兵庫県で共同経営が多いのは、操業上四隻が一組にならざるを得ない船曳網の経営体が、二五六（九・四％）と多いからである。大阪と愛知も同様。

北海道であるが、共同経営が三以上ある漁業地区は三九で、一〇以上は一三である。

一〇以上の共同経営がある北海道の漁業地区の漁業内容を見てみる。数が多い順に、枝幸《えさし》（一二六）、野付（七八）、興部《おこっぺ》（三九）、白老《しらおい》（三〇）、別海（三〇）、湧別《ゆうべつ》（二九）、標津《しべつ》（二八）、宗谷（二五）、雄武《おうむ》（二〇）、浜中（一八）、落石《おちいし》（一四）、歯舞《はぼまい》（一三）、網走（一三）となる。

北海道ではホタテ貝桁曳き網漁の共同経営がよく知られているが、水産庁「浜の活力再生プラン」（第二期、以下、浜プラン）を参考にすると、白老、落石、歯舞以外は、ホタテの貝桁曳き網漁業が共同経営の対象になっているようである。

共同経営体の数の最も多い枝幸と、共同経営は八と少ないがホタテ貝桁網操業経営体の数二四二が、枝幸の二四五と変わらない猿払《さるふつ》とを比較してみる。

正組合員の数は、枝幸二六四、猿払二四二。個人経営体は枝幸一九〇、猿払七。共に会社が一ある。さけ定置網が枝幸二三、猿払三六。共に宗谷管内にある。

労働力は、枝幸八二八人で平均年齢四四・五歳、猿払一〇九人で四四・一歳。漁獲物の平均販売金額は、枝幸は三九〇〇万円で、猿払は六億三二〇〇万円である。

労働力一人当り販売金額は、枝幸が一四九三万円で、猿払が九二七七万円となる。

この差は、猿払がホタテガイ漁業の共同経営に特化していて、共同経営に参加していない七個人経営体の推定平均販売金額が七三六万円であり、子どものにぎわいが〇であること。それに対して、枝幸は多様な漁業の個人経営体一九〇の、推定平均販売金額が二九四万円であるが、子どものにぎわいが〇・一四一であることと、密接に関係している。すなわち猿払は、少数の高齢化した個人経営体以外は、共同経営に集中して高所得を得ている。枝幸は、北海道で最多の共同経営を実施しているが、規模は小さい。他方で多様な漁業内容の個人経営体が、組合員の半数以上を占めている。

北海道の漁業地区平均〇・一〇六より、枝幸ははるかに大きい子どものにぎわいを示している。

兵庫県では、七七漁業地区中、三三に三九七の共同経営体がある。そのうち四地区に会社があるので、二九地区は個人経営体と共同経営体だけである。

最も極端な例が淡路市の育波《いくは》地区である。個人経営体が存在せず、すべて共同経営体である。その結果、個人経営体の世帯員年齢構成から算出する子どものにぎわいを、育波地区については知ることができない。

一般的に共同経営体を構成する漁家の子どものにぎわいが、個人経営体のそれより大きいことはわかっている。それゆえ、共同経営の多い兵庫県の漁業地区の子どものにぎわい〇・〇八一は、少なめになっている可能性がある。

特に兵庫県の中で、共同経営の割合が最も高い淡路市（五五八経営体中、共同経営一四四）の、二〇一八年の漁業センサスでの子どものにぎわいが〇・〇八一なので、育波地区の子どものにぎわいはそれより大きい可能性がある。

参考までに二〇二〇年の国勢調査で、淡路市の子どものにぎわいは〇・一二〇であり、育波は人口一六五二人で〇・〇八八である。一五歳以上の就業者七五五人のうち、一六二人が漁業に従事している。この一六二人の漁業者の子どものにぎわいはわからない。

しかし漁業センサスにそれを検討する資料はある。一つは、一一月一日の海上作業で団体経営体の責任ある者が、育波の場合男一三一名であり、雇用者が八四名である一方、労働力が二一七名であること。二つには、労働力の年齢構成で五四歳以下が九二人いることである。

以上のことをもとに推察すると、育波の漁業地区の子どものにぎわいは、国勢調査のそれの倍近くになるものと考えられる。

育波地区の販売金額一位の漁業種類は、船びき網三六、のり養殖四である。「浜プラン」によればこの船びき網は一四八名によって操業されている。

イカナゴとチリメンを獲る船びき網は網船二隻、探索船、運搬船各一隻で操業し、それらの漁船の所有者が共同経営を行っている。鹿ノ瀬という好漁場が目の前にあるが、小氷期が終わり、温暖化に向かっている近年は、イカナゴの漁獲量が全国的に減少しているのが気がかりである。

瀬戸内海では一九六〇年代から漁業就業者数が一貫して減少しているが、姫路市家島町坊勢《ぼうぜ》は二〇〇〇年まで就業者数が増加した唯一の漁業地区である。二〇〇三年頃に人口三〇〇〇人を超え、漁協組合員数も六〇〇名となり、生産金額六〇億円となった。

二〇一八年の漁業センサスによれば、総販売金額七五億五〇〇〇万円で内訳の推定平均値は個人経営体二四三の八一五万円、共同経営体五九の九四四一万円である。共同経営体五三が、そうせざるを得ない船びき網漁業である。個人経営体は主に小型底曳網（一五四）で、その子どものにぎわいは〇・〇六七である。

二〇二〇年の国勢調査では人口一九一一人、子どものにぎわい〇・一四二であり、漁業者が三九七人。島全体の就業者数の四六％を占める。

これらのことから、坊勢では共同経営の漁家の子どものにぎわいが、〇・二近くあることが推察される。

坊勢については漁村の歴史をはじめいろいろあるのだが、特筆すべきことは、工藤貴史（二〇二三）「人口減少社会における沿岸地域の発展方向――坊勢島の漁業と社会から学ぶ」が指摘するように、人口増加を支える生活慣行として、「片船」、「兄弟分」、「新宅分け」といった相互扶助の社会システムがある。

第二次漁業センサス（一九五四年）では、漁業共同経営が全国で一万経営体近くあり、最多の時期である（田中〈二〇〇三〉）。

東京都もその時期、共同経営が一六八あり、中でも神津島では四八あり、個人経営が三となっている。営む漁業の種類では採貝・採藻が二八経営体なので、村落共同体管理の漁業を、共同経営としている可能性がある。

なお、この年の子どものにぎわいについては共同経営にも資料がある。〇・六六九で、個人経営体は〇・四である。第十四次（二〇一八）漁業センサスでは、東京都は共同経営が〇である。

第Ⅱ章8で取り上げた山口県浮島については、組合資料では五ヶ統ある船曳網が二〇一八年の漁業センサスでは三となり、共同経営が浮島は二とある。それはそのまま周防大島町の二である。

山口県の共同経営は八なので、県にとっても浮島にとっても貴重な存在である。なお船曳網の共同経営は県内他の二地区に一ずつあるのみである。

第Ⅱ章9で、世帯員五〇人以下の高知県の漁業地区を考える際に、〈村張りの定置網〉のある六地区が表出してきた。現代でも会社化せず、任意団体の共同経営組織として、元気に大型定置網を運営している。

田中（二〇〇三）が団体経営比重の高い漁業種類ということで、第一〇次漁業センサス（一九九八年）を整理している。大型定置網での共同経営が四〇七経営体で三八・一％、次いで会社経営が二六・八％である。

第一四次漁業センサスでは調査方法が異なり正確さに欠けるが、共同経営が四四で、会社が一七五と逆転している。共同経営の県別内訳は福井一〇、長崎八、富山と高知六、石川と新潟が四である。不明が岩手の三一を筆頭に一〇九あるので、もっと増える可能性はある。

本土が漁業の共同経営ブームであった一九五四年前後には、沖縄ではそれどころではなかった。しかし一九二八〜一九六一年の期間、波照間島のカツオ漁が共同出資、共同作業という〈村張りの定置網〉と同じ考え方で行われていた。

古谷野洋子(二〇一一)「八重山のカツオ漁を巡る生業ネットワーク」によれば、その三十三年間、竹富町波照間島では、島特異の部落共同体によるカツオ漁が行われていた。

現在、沖縄県における共同経営は、二〇一八年漁業センサスによれば一二と少なく、そのうち八が、うるま市勝連《かつれん》のもずく養殖である。

もずく養殖での共同経営は、他にも南城市玉城（奥武島）の一がある。沖縄県のもずく養殖は全部で六一六経営体あるので、これらの共同経営は特異な例ともいえる。

旧勝連町は、うるま市に合併前の四市町（具志川市、石川市、勝連町、与那城町）で、唯一米軍基地のない漁業地区であった。

その勝連が現在、もずく養殖生産量日本一の漁村となっている。

16

漁場を守れば

島根県・宍道湖《しんじ》のシジミ漁

宍道湖はシジミの生息量、過去最大値を示した。週四日の操業で、年収一二二九万円と試算できる。

一九七〇年代から八〇年代にかけて、筆者は青森県下北半島、福島県浪江《なみえ》町請戸《うけど》、そして島根県松江市に通い、反原発の漁民と行動を共にしていた。日本で唯一、原発が県庁所在地にある松江市では、二号機増設への反対運動が十年続いていた。子どもの通学路などいろいろな搦め手からの攻勢に、情況が厳しくなっていた。

松江に通う中で、当時の主な現場での調査であった霞ヶ浦のエビ、ハゼ類、ワカサギ、シラウオなどとの関係で、宍道湖の魚類やエビ類についても島根大学や県立図書館に通って調べていた。

一九七八年八月に出会った印刷物「宍道湖の淡水化に伴う漁業の影響に関する私見—昭和三八年六月七日—渋谷光時」（一九六三）に触発されて、それから四十五年近くの宍道湖通いが始まった。この小冊子は宮地伝三郎ほか（一九六二）の京都大学調査団の報告書が出た翌年に、島根県水産試験場玉湯養殖場主任の渋谷氏が宍道湖漁協組合長から私見をもとめられ、作成したものである。詳しいことは拙著『反生態学』（一九八六）の166ページからに記述されている。

宍道湖漁協が、一九八二年の干拓・淡水化工事に伴う漁業補償金返還の決議にもとづき行動をするのに対して、筆者は京大教授の川那部《かわなべ》浩哉氏をはじめとする生態学者たちを批判しながら、市民運動や政治運動にかかわってゆくことになる。

具体的には、農水省が設置した中海・宍道湖干拓・淡水化問題関連の水産専門委員会や本庄工区土地利用検討委員会に、当時の自民・社会・さきがけ政権における漁民と市民の要請により、さきがけが推選した委員として参加し、発言し、報告したことである。

最終結論を出す本庄工区土地利用検討委員会への参加が決定した際には、ピースボートでの世界一周の貝類採取調査の最中で、南米最南端のプンタ・アレナスからトンボ返りして、第一回委員会に出ている。同委員会が岡山市の中国四国農政局で開催された際には、松江から漁民がチャーターしたバスと特急「やくも」でかけつけ、傍聴した。

一九九五年に水産庁漁政部企画課から、水産経済研究への執筆を依頼された。テーマは内水面漁業。東京海洋大学の同じ研究室の工藤貴史さんに、第三章・霞ヶ浦の漁業生産に及ぼす環境と市場の影響を執筆してもらい、全四章の「内水面漁業の振興と漁業を取り巻く環境の変化に関する研究」（水産経済研究№.五四）を執筆した。以下水口・工藤（一九九五）と引用。

ここでは第一章「シジミ漁獲量の変化に見られる湖沼漁業への環境と市場の影響」に限って紹介する。二一ページにわたるこの章では、当時の全国のシジミ漁業の現状を、余すところなく整理している。

東北地方では、一九六四年に水門が完成して埋め立て干拓が行われ、五分の一の面積になった八郎潟は淡水化し、一九八〇年代にはシジミがほとんど獲れなくなった。一九八七年台風の大波により水門が破壊され、大量の海水が流入すると、八郎潟でヤマトシジミの大発生が起こった。一万トンを超える漁獲があり、全国の相場を下げた。しかしまもなくもとにもどった。

青森県小川原《おがわら》湖は三千トンレベル、十三《じゅうさん》湖は二千トンレベルの漁獲を維持していた。

首都圏にシジミを供給する、北関東の利根川、霞ヶ浦・北浦、涸《ひ》沼・那珂川。利根川は一九六〇年代に漁獲量が二万〜三万トンと大量で、全国生産の六割ほどを占めていた。しかし、一九七一年に利根川河口堰が稼働を始めると、シジミの大量斃死が起きた。四万トン近くあった漁獲量が一九九〇年には五千トンに減少した。

利根川と合流する霞ヶ浦・北浦でも、下流の常陸川に逆水門が建設され、三千トン近くあった漁獲量がやはり一九九〇年にゼロになった。

茨城県内の涸沼・那珂川は、一九九〇年代に東京中央卸売市場における出荷量一位を維持しているが、現在進行中の那珂川導水工事（霞ヶ浦導水事業）が完成した後に、シジミがどうなるかはわからない。

中部日本以西では、一九七〇年代から二〇年間、島根県宍道湖が一万トンから二万トンの漁獲量を維持していた。赤須賀《あかすか》漁協（三重県）と木曽三川河口域は同時期に三千トンから九千トンを漁獲していたが、一九九三年から九四年にかけて大量斃死があり漁獲量が減少した。その原因は長良川河口堰建設工事であることが、国会の質疑などでも明らかにされている。

琵琶湖のセタシジミは、環境の悪化により、それまで五千トン余り漁獲されていたものが一九七〇年頃には二千トンとなり、一九九〇年代には二百トンにまで減少してしまった。

漁業センサスでは内水面漁業、シジミ漁をどのように把握しているのだろうか。二〇一八年の漁業センサスから見てみる。

釣りをする人々が関心のある河川漁業については、全国に内水面漁協が九〇八存在する。青森県と宮崎県が共に四〇と最も多い。これらの内水面漁協が、ニジマス、ヤマメ、アマゴ、イワナその他の魚種の二九四〇万尾をはじめとして、総計一億七〇一六万尾を放流している。マス類の五四万九五五二枚をはじめとして、漁協などは合計二二一万七一六三枚の遊漁承認証を発行している。河川が〝釣り堀の連なり〟と化している実態である。

河川漁業と遊漁の実態を、漁業センサスからはこれ以上詳しく知ることができない。湖沼漁業については、漁業を職業として生計を立てている人が多いせいか、全国五一の湖沼について海面の漁業センサスと同じような調査が行われ、公表されている。

団体経営体及び年間湖上作業従事日数三〇日以上の個人経営体に関する、販売金額一位の漁業種類別経営体数調べが面白い。日本全体で一九三〇ある経営体のうち、琵琶湖が四四〇経営体と最も多く、次いで宍道湖が三〇二と多い。

漁業種類としては、網漁業の底びき網・船びき網、刺網、定置網の順で多いが、何といっても圧倒的に多く全体の四九％を占めるのは、採貝・採藻である。これらは、宍道湖二五九、小川原湖二一一、十三湖一四〇、涸沼五九、島根県の神西湖《じんざい》九七、鳥取県の東郷池四九、湖山池《こやま》の二二経営体のことである。

上位四湖は、水口・工藤（一九九五）の時代から公共事業による漁場破壊でどうなるかと心配されていたシジミ漁の産地だが、どうにか生き残って元気である。残り三湖は、その当時漁獲量も少なく注目されなかったが、大場所が皆つぶされ、気がついたら五〜七位に浮上していた。

心配されていた涸沼だが、二〇二〇年十二月十二日の東京新聞は「霞ケ浦導水、工期七年延長　国交省が計画見直しへ　県負担187億円増」と報じている。公表された国交省事務所の資料によれば、内径三・五メートルから四・五メートルのほとんど地下トンネルである全導水路四五・六キロ中の、七工区中五工区が未完成とのことである。

六ヶ所村の核燃料再処理工場やリニア中央新幹線と同じように、霞ケ浦導水路はいつ完成するかの見通しが全く立っていない。完成するまでは涸沼のシジミは獲れ続けると思われるので、よいことではある。

二〇一九年十一月初め、宍道湖のウナギ激減は、ネオニコチノイド系の農薬が原因かと全国的に話題になった。山室真澄東大教授らが米科学誌「サイエンス」に論文を発表したと記者会見したからである。(巻末リストのヤマムロほか〈二〇一九〉参照)

宍道湖漁協に電話したところ参事が答えてくれた。ウナギが減っているのは全国的な現象だし、ネオニコチノイド出荷開始の一九九四年、ワカサギが高水温によって死亡したことは水産試験場も確認しているということだった。風評被害は心配していたが農薬はあまり問題にしていなかった。

夏の高水温によるワカサギの死亡は、宍道湖が日本海沿岸のワカサギの生息南限であることから充分考えられる。同じく太平洋側の南限分布である霞ヶ浦についても、夏季の高水温によるワカサギの斃死が報告されている。

ウナギの減少原因については海洋構造の変化など世界的に諸説があるが、浜田篤信・菊地章雄(二〇二〇)「ニホンウナギ減少原因に関する新しい仮説」(水産増殖六八(2))は、利根川・霞ヶ浦・北浦水系のシジミの漁獲量減少とも関係しており、非常に説得力がある。

右記の山室らの論文では、各魚種の減少を農林統計の宍道湖漁獲量で推定していることが、最大の問題である。確かに一九九四年、ワカサギは前年の一九〇トンから二〇トンに減少している。ウナギも二四トンから九トンに減少している。しかし一〇トンから三五トンに増加しているハゼや、ほとんど変化のないコイ、スズキその他、シジミ（八七三〇トン→八一一〇トン）についてはどう説明するのか。

殺虫剤の影響が最も大きいエビが、一九九二年まで一六〇トン獲れていたのが一九九三年に五一トンになり以下減り続け、二〇〇一年以後五トン以下を続けていることには、全く目を向けていない。筆者はエビ類にこそ農薬の影響が明確に出ていると考え、全国の淡水エビの湖沼漁獲量について調べ始めていた。なお山室は記者会見で、汽水湖の宍道湖には淡水魚の外来魚は生息できないため、ネオニコ系農薬で動物プランクトンが減ったことの影響以外は考えにくいと、リップサービスしている。

現在の宍道湖は、チヌ（クロダイ）がよく釣れるので四国や中国地方から釣り人がやってくるという。シジミの生息環境は今のところ問題がない。島根県水産技術センターが二〇二二年一〇月に行った調査でも、漁獲対象となる殻の大きさが一・七センチ以上のシジミは四万五一〇〇トン余りで、過去二十一年間の調査では最大の推定値となった。

島根県水産技術センター研究報告二号に、高橋正治（宍道湖漁協）、森脇晋平（総合調整部）「宍道湖におけるシジミ漁業の漁業管理制度」（二〇〇九）がある。「資源管理はできない。行うべきは漁業管理である」という筆者の持論を、宍道湖漁協は実践している。貴重な研究報告である。

これをもとに推定すると、現在宍道湖漁協では、九〇キロ漁獲量制限で月・火・木・金の週四日操業で、年収一一二九万円と試算できた。

宍道湖・中海の干拓・淡水化問題が一段落した段階で、若い人のためにこの間の経過を含めて宍道湖の漁業にどう取り組んでゆくかを話してくれと、漁協から依頼があった。喜んで話をしたが何を話したかは忘れた。まさか右のような試算ができる状態が出現するとは、想像もしていなかった。これはもう一つの筆者の持論「漁場破壊から漁場を守れば、他の漁場が次々とつぶされてゆく中で、残った漁場の価値がますます上がってゆく」を地で行ったとも言える。

シジミ漁の現状は二〇一八年の漁業センサスにどう表出しているだろうか。

湖上作業従事者（男女込み）の平均年齢は、宍道湖（四一六名）が六七・七歳と一番高齢である。小川原湖（四六六名）の五七・一歳や、十三湖（二七五名）の五四・七歳と較べると、先行きが心配になる。しかし、子どものにぎわいは、宍道湖が〇・一四四で、小川原湖（〇・一四六）や十三湖（〇・一三四）と較べて遜色ない。

それよりも宍道湖の三〇二経営体中で、後継者ありとの回答が四一％であるのに、小川原湖は二五％、十三湖は二一％しかない。一位の涸沼は七九％である。

後継者あり／なしの項目は以前の海面漁業センサスにもあったが、現在は新規就業者数となり、さらに個人経営体の自家漁業のみ／漁業雇われに分かれている。後継者あり／なしといった希望的予測よりは、現状を認識し、現実に立ち向かわざるを得なかったということか。

最後に、余計なお世話と言われればそれまでだが、宍道湖漁協の人々はシジミかきをする週四日以外の日は、何をして過ごしているのだろうか。

17 元気な島の元気な漁村

伊豆七島・利島、御蔵島、沖縄県・渡嘉敷島をめぐって

住み心地が良く、生きることに希望を持て、喜びを感じる島。

東京都伊豆七島の利島村、御蔵島村、沖縄県慶良間諸島の渡嘉敷村の三島について考えてみる。それぞれの村史（御蔵島は島史）によると、利島、神津、三宅、御蔵は一九二三年、内務省令「沖縄県間切島並東京府伊豆七島及小笠原島ニ於ケル名称及区域ノ変更等ニ関スル件」が適用され、島嶼《しょ》町村制が施行されて村となった。渡嘉敷村は一九〇八年一月、間切・島・村が村と字に名称変更し、四月に沖縄県島嶼町村制（特別制）が施行されて村となった。

以降現在まで、これらの島では百年近く村制を施行しており一島一村一漁協の島々である。

北緯三四度よりやや北に位置する利島から、やや南の御蔵島、そして八度南下した渡嘉敷島まで、以降本章で三島を数字等で比較する際には、常にこの順番で表記する。たとえば、二〇一九年一月一日の各村の人口は、三二三、三一七、七二五である。

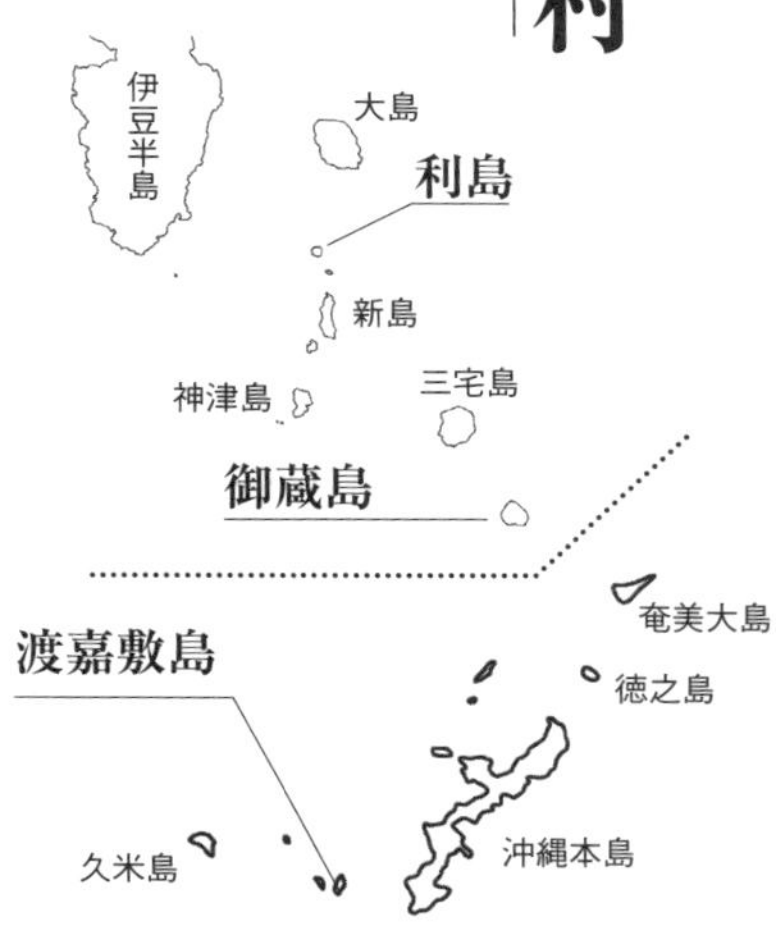

三村に共通する第一の特長は、漁業地区の子どものにぎわいが、その漁業地区のある市町村の子どものにぎわいより大きいということである。

これは〈元気な漁村〉を考える際の一つの重要な指標といえる。

具体的には、利島村〇・三一四(〇・二三三)、御蔵島村一・〇(〇・二五九)、渡嘉敷村〇・二六七(〇・二三二)。ここで面白いのは「県勢二〇二〇」による二〇一九・一・一の子どものにぎわいが、三村そろって東京都(〇・一二六)や沖縄県(〇・二〇五)の平均より高く、なおかつ三村が同じような値を示していることである。

『生き心地の良い町　この自殺率の低さには理由がある』(岡檀《まゆみ》二〇一三)が一九七三年から二〇〇二年までのデータを解析しまとめた、「表1　全国で最も自殺率の低い一〇市区町村」には説得力がある。一位利島村、三位渡嘉敷村に驚き、六位に同じ伊豆七島の神津島村があるので、御蔵島村も自殺が少ないのではと考えたくなる。

要は、これら三つの村の特長は、住み心地が良く、生きることに希望が持て、喜びを感ずることのできる村であり、島であり、地域であるということなのかもしれない。

三つの村が全く異なる対応をし、それぞれの歴史を刻んできた事柄もある。一番厳しく深刻に影響したのが、アジア・太平洋における日本の十五年戦争へのそれぞれの村のかかわり方と言える。

利島村では、村史によれば、一九四一年一二月の開戦は、村で唯一のラジオが使用不可能の状態にあったが、開戦十四、五日後に、利島沖で操業する漁船が日章旗をあげているのを不思議に思い、長岡一郎が泳いで行って理由を尋ねてわかった。

一九四四年には新島《にいじま》にいた第七八三五部隊の一部と一五名の通信隊が進駐している。渡辺通信隊長の〝軍事的価値の無い島には攻撃しないはず〟との意見もあり、村では学童の集団疎開はしなかった。利島村出身の戦死者は一九三七年より一九四五年八月まで一一名であった。

一九四五年一〇月ごろ、一〇名ほどの米兵がタグボートで利島へ上陸して来た。島内の軍需施設を案内しろとメモを見せた。第七八三五部隊長の命令で、高射砲に見立てて高砂山の頂上に設置した、黒く塗り上げた丸太を視察した。米兵は大笑いして、その日のうちに帰ったという。

御蔵島は、島史に戦争下の御蔵島という四八ページにわたる節があるが、利島村の牧歌的な様相とは全く異なっている。軍施設建設への村民の動員、学童の秋田県への集団疎開、三度にわたる三名の兵士の死体の漂着、米軍機の数度の飛来と、一度の空襲などがあった。

渡嘉敷村史は一二章中の第五章三一ページを「沖縄戦と渡嘉敷」に割いている。一九四五年三月二三日からの空襲と艦砲射撃の後に、三月二七日、米軍が渡嘉敷島に上陸した。三月二九日には慶良間諸島全域を手中におさめた。

三月二八日に起こった住民の「集団的な殺しあい」について、村史の一九八ページの文章をそのまま載せる。

住民の「集団死」は、手りゅう弾だけではなかった。カマやクワで肉親を殴り殺したり縄で首をしめたり、石や棒でたたき殺したりして、この世の地獄を現出したのである。このときの死者は三二九人であった。一般に「集団自決」と言われているが、実態は親が子を殺し、子が年老いた親を殺し、兄が弟妹を殺し、夫が妻を殺すといった肉親殺しあいの集団虐殺の場面であった。これは日本軍の圧倒的な力による押しつけと誘導がなければ起きることがらではない。

三村の漁業地区の漁業への依存度は、二〇一八年漁業センサスにおける漁獲物の一経営体当り平均販売金額、三〇〇万円、一〇〇万円、二〇〇万円がよく示している。経営体は個人経営体のみでその数は、一八、五、二六である。

御蔵島が五経営体と少ないのは、島の主産業であるイルカウォッチング船の扱いをどうするか、報告した漁協として迷っていることがうかがえる。水産庁の離島漁業再生支援交付金の申請資料では平成二六年漁業集落三三世帯のうち、漁業世帯二四世帯、(参考) 集落漁業者平均所得年額三七万六六〇五円とあるが、これはある程度実態に合った数字だと思う。

ただし一一隻ほどあるイルカウォッチング船の実態が全く見えてこない。「東京都の水産」では御蔵島漁協の正組合員数は二三名となっているが、そのうち一一名くらいがイルカウォッチングを営んでいると考えられる。御蔵島の子どものにぎわいが一・〇と高いのは、漁業センサスに個人経営体を三件しか報告していないためである。

御蔵島観光協会の二〇一八年二月の報告書によれば、二〇〇五〜二〇一七年の御蔵島のイルカウォッチング客数は年平均値のべ一万三〇〇〇人前後を、安定的に変動している。一九九九年の御蔵島船主・遊渡船会による規則で、乗船料は大人一人六五〇〇円と決まっているので約八四五〇万円の年収となる。客数が安定しているのは定員一五二人という総宿泊者数が限定されていることにある。七軒の民宿等宿泊施設の経営者の多くはイルカウォッチングの船主でもある。

このような漁村における漁業から観光案内業へという生業の転換を、東京海洋大学の婁小波（二〇〇六）は「『海業』の経済―漁業・漁村の危機と再生を考える―」で、渡嘉敷島の民宿経営とダイビング案内業への一九九〇年代後半からの変化を見ている。

渡嘉敷島の場合は御蔵島と異なり、正組合員数は三〇名を超えて増加しつつある。潜水器漁やひき縄など釣漁で、漁獲販売金額が三〇〇万から八〇〇万円の経営体がセンサスでは五経営体ある。二六軒の民宿のうち一五軒が漁協組合員によって営まれており、ダイビング・ショップ一四軒のうち一二軒は、漁協組合員の手によるものである。

渡嘉敷島近海には、四月に小笠原諸島と同様にザトウクジラが出産のため回遊してくる。御蔵島周辺に定着している一〇〇頭以上のミナミハンドウイルカは、利島近海にも二頭ほど定着して、かつて利島でもウォッチング船が三隻ほど営業を始めたが、いつのまにか姿を見なくなった。島の周囲で漁業を操業するということと、イルカの定着は関係するのかもしれない。

御蔵島と渡嘉敷島、二つの海業の漁業地区（村）に対して、利島村の漁業地区はイセエビとサザエを刺網で捕獲し、トサカノリをはじめ、海産物をきめ細かく有効利用している。

最後に、三つの島について日本全土においてもユニークなことを見てみる。

まず、利島の椿《つばき》。水田のない利島や御蔵島では江戸時代、椿油やツゲ（柘植）や桑材が特産品であり、租税として幕府に納められ、食料は扶持米制度によって支えられた。利島村では切替畑によって里芋、大根などを栽培し自給していたが、一九三五年頃から椿の造林拡大に伴って切り替え、畑は換金に有利な椿産業に移行していった。

現在の椿産業の実態をよく調べた報告として、植村円香「東京都利島村におけるツバキ実生産による高齢者の生計維持」（二〇一一、地理学評論八四―三、二四二〜二五七）がある。農協が椿油精製工場を運営していることもあり、生産者は組合員となり正組合員数は五六名である。二〇一六年の農協の椿油生産金額は一億円を超えた。植村（二〇一一）の調査では椿油の年間販売収入が一〇〇万円以上の生産者が一〇名いる。内訳は七〇歳代六名、六〇歳代三名、五〇歳代一名である。

利島村の納税義務者数一九五名中、農業所得者が九名となっている。御蔵島と渡嘉敷島はゼロである。給与所得者は一五一、一五二、二七一名である。椿油生産量日本一の利島村は、村役場、漁協、農協みな、職員は島外出身の若者が多く、より高齢の島在来の生産者を支えている。

『御蔵島島史』には、国の施策で巨木が次々と伐採、運搬、利用される中で、「この島の周辺に逆巻く黒潮と強烈な西風が海運を阻み、結果として、同様な事例の展開が困難となり、〝御蔵の森〟が保たれてきたとも言えよう。」と書かれている。

二〇〇一年に行われた環境省の全国的な自然環境基礎調査「巨樹・巨木林フォローアップ調査」で、市区町村別の一㎢当り巨樹の本数のベスト10は、御蔵島村（三九）、利島村（一三）、文京区（一四）、港区（八）、新宿区（六）、奈良県宇陀町（四）、千葉県旧八日市場市（四）、世田谷区（四）、三宅村（三）、島根県大東町（二）という驚くべき結果になっている。

『御蔵島島史』の第六編研究編の第二章に、栗本鋤雲《じょううん》、栗本市郎左衛門、高橋基生が取り上げられている。栗本市郎左衛門は、一八六三年に御蔵島で起きた商船バイキング号の漂着事件で、四八三人の乗員を救助した際の立役者である。

一九六〇年から植物調査に訪島し始めた高橋基生は、有吉佐和子『海暗』の舞台となった一九六四年の米軍水戸射爆場の御蔵島への移転問題に際し、市郎左衛門の残した「西洋黒船漂難一件記」をもとに、当時司法長官のロバート・F・ケネディ等に手紙を送り、アメリカの公文書等をさがしていた。

そういうこともあって、米国民が世話になった御蔵島の人々へ仇《あだ》になるようなことはできないと、米国からの要請で射爆場の移転問題は立ち消えになった。事実は小説よりも奇なりと言うが、イルカウォッチングも含めて有吉佐和子の予想もしなかったことが次々と起こっている。一九九九年九一歳で没した高橋基生の戒名は生基院殿研学御蔵居士である。

三島の発電事情をみたとき、渡嘉敷島に特徴的なことがある。

通産省のＮＥＤＯ（国立研究開発法人 新エネルギー・産業技術総合開発機構）が二〇〇kWの発電能力を持つ離島用太陽光発電の研究施設を、一九八八年渡嘉敷島に建設した。沖縄電力と三菱電機がＮＥＤＯから受託して研究開発を進め、既存のディーゼル発電系統に接続、配電を行っている。現在東京電力等が、銚子沖の洋上風力発電で行っていることと同じである。

先進性にびっくりしたがそれ以上に、その電力を海底ケーブルで座間味島、阿嘉島、慶留間《げるま》島に送っていることに驚いた。慶良間諸島でのコモンが成立している。

大島、新島、神津島、八丈島は大正から昭和初期にかけて送電を開始しているが、利島と御蔵島はそれぞれ固有のやり方で、戦後に発電を開始している。利島は一九四八年椿油製油工場の油搾り用発電機を使って、電灯利用共同組合によって送電（四時間）を開始している。なお、その戸別の東京電力による電気料金を現在は農協が受託して徴収している。

御蔵島では火力による自家発電に始まり、農協による川田での水力発電所（最大時間当り五〇kW）の発電が一九五八年に始まっている。

18

海を活かしてにぎやかに暮らす

三浦半島・松輪の漁業と釣り

一九五八年には個人経営体の漁家売上金額に、推計農産物販売金額を加えると、松輪は完全に神奈川県内の全漁協の一位となる。

神奈川県水産技術センターのOさんに、松輪（神奈川県三浦市南下浦町松輪）のことで電話したところ、今松輪の漁師が来ていてキャベツをもらったということ、小柴（横浜市金沢区）の漁師は裏にミカン畑があるという話から、シャコ漁の現状に話題は移った。

漁村といっても完全に漁業だけに依存している訳ではない。

浜本幸生（一九八〇）が「江戸時代に入っては、農村の自家用食料や肥料を目的として農業の副業的形態であった漁業が農業から分化発達して沿岸各地に漁業を専業とする漁村部落ができてきます。そして、各地方に現在の漁業権、入漁権の原型である漁場利用の権利関係が形成されてきました。」と述べているように、農村から漁村への移行過程を考える際の参考になるのが、清水克志（二〇〇九）「江戸・東京市場への鮮魚供給機能からみた三浦郡松輪村の地域的

特質とその変容」である。

その第三図、「松輪における里ごとの生業構造」（藤平二郎家文書「明治三年庚午十二月相模国三浦郡松輪村平民族戸籍」により作成）を整理すると、一二ある里の戸数は六戸から二五戸で、合計一八一戸、平均一五戸となる。一戸当りの世帯員数は平均四・四人、一一人から二人で一人暮らしはない。合計七九六人の村である。

生業は農業のみ三五戸、漁業のみ七戸、農業と漁業が一一七戸ということで、これは安室知（二〇一二）「〈百姓漁師〉という生き方」の言う神奈川県に多かった〝百姓漁師の村〟と言える。

実態を見ると、半農半漁というよく言われる分け方は適切ではない。特筆すべきは仲買が八戸あり、輸送用の押送船《おしおくりぶね》が四隻ある。そのうち一隻は仲買ではなく酒や。仲買や押送船を所有している家の世帯員数は平均八人と多い。

現在漁協にうかがってみると、組合員数の多い里は、間口《まぐち》と八ヶ久保《やつがくぼ》、そして遊漁中心の大《おお》畑《はた》であるという。明治三年にはこれら三つの里はどうであったか。

間口　一四戸のうち農業のみ、漁業のみの家は無く、農業と漁業の家が一一戸、仲買二戸、漁家雇われが一戸で、漁船は仲買一戸を含む六戸が所有。平均土地所有面積は一・四反と多くない。

八ヶ久保　松輪村最大の土地持ちは八ヶ久保の農業のみの家で、〇・四反の山林と六・一反の水田、六反ほどの畑、そして船と馬を所有している。一三戸のうち農業のみ四戸、漁業のみ〇戸、農業と漁業八戸、小商売一戸で、二反ほどの畑と一反の水田を持つ農業のみの一戸が仲買をやり船を所有。全部で五戸が船を持ち、三戸が馬を持つ。平均土地所有面積は二・六反。

大畑　二五戸と松輪村最大の里。農業のみ七戸、漁業のみ二戸、農業と漁業一二で仲買は農業のみの二戸と仲買のみの一戸で、他に酒や、小売、髪結が各一戸ある。

三つの里の畑の合計面積は三二五反である。これらの畑の面積はその後どうなったか。

一九五八年の臨時漁業センサスで、松輪漁業協同組合地区の経営耕地面積別世帯数、および農産物販売金額別世帯数を見てみる。一一九世帯の漁家のうち八〇世帯が農業兼業で、一〜三反の所有が四〇と最も多く、推計耕地合計面積は一八三反、推計平均農産物販金額は五万円である。

同センサスにおいて、神奈川県の六〇漁協中、農業兼業世帯数が経営体数の半数以上となる漁協は、一五漁協ある。うち三浦市の漁協が七を占め、さらにそのうちの旧三崎町が四である。三浦半島先端部は、三浦大根で有名な野菜栽培地であることが関係している。

松輪は、三浦市の南下浦町にある。漁家の平均漁獲金額は四七万円で、旧三崎町の田中、向ヶ崎、二町谷に小差で次ぐが、田中は農業兼業は一四%と少なく、後二者は農業収入が無い。

農業兼業漁家数が五割を超える横須賀市の佐島漁協から相模湾西端の福浦漁協まで、神奈川県四二漁協について、個人経営体の漁家売上金額に推計平均農産物販売金額を加えると、松輪は完全に一位となる。

整理すると、畑地面積は三一五反から一八三反へと減少している。少なくとも三つの里の百姓漁師三四戸が現在の正組合員一三二名（秋元清治〈二〇〇七〉「遊漁船業による資源利用実態に関する研究」）からなる、松輪という漁村をつくりあげたのかもしれないということが言える。

半農半漁と言えば、東京都の漁業者検討会でキンメダイの漁獲量五割削減という水産庁の提案が検討された際に、水産試験場の担当者が、「シミュレーションしたところ半農半漁にすれば対応できる」というアホな意見を出したことがある。

すぐに漁業者が、そんなことをしたら漁協がつぶれてしまうという意外な、しかしよく考えればまともで重要な意見を発した。

松輪と同じ一九五八年臨時漁業センサスによれば、現在キンメダイ漁でもっている神津島は、六五経営体中、農業兼業の漁家は六三である。推計平均経営耕地面積は四・七反、推計平均農産物販売金額は三万二千円。八丈島は八四中、六七で平均一・八反、一万七千円である。

六〇年前の耕地所有状況にもどっても無理な話である。

一九五八年臨時漁業センサスで農業兼業漁家数が五割を超える、金田湾、松輪そして茅ヶ崎の漁業地区や漁協は、六十年後の二〇一八年第一四次漁業センサスではどうなっているだろうか。

漁業種類と漁家数、平均漁獲金額と、世帯員数および〈子どものにぎわい〉の変化を見てみる。

まず一九五八年。**金田湾**　三トン未満の動力船による釣延縄と小型定置網で二五漁家など七六漁家で平均一一・六万円。世帯員数五四〇人で、子どものにぎわいは〇・五三四。**松輪**　動力船による釣延縄が主で無動力船の採貝がそれに続く。一一九漁家で四七万円。八五四人で同〇・四六五。**茅ヶ崎**　無動力船による釣延縄で七一九万、動力船による釣延縄で六八四万。七四漁家で平均二二・八万円。世帯員数六一八人で〇・三七〇。

六十年後の二〇一八年は、**金田湾**　わかめ養殖と小型定置網がそれぞれ半数を占める三九個人経営体で三六〇万円。一四二人で〇・〇八四。**松輪**　その他の釣とその他の刺網が七五％を占める五一経営体で六四五万円。一九四人で〇・〇八四。**茅ヶ崎**　その他の釣ほか多様な漁業種類の一〇個人経営体で一七五万円。三九人で〇・〇八三。

三浦市松輪が横浜市や東京都に比較的近いことはあまり説明する必要がないが、そのことが松輪を漁村として成立させる重要な要件であることは、少し説明を要する。

安池尋幸（一九九一）「相州三浦郡松輪村における肴仲買商人に関する史料の紹介」によれば、江戸幕府は延宝二年（一六七四）日本橋新肴場問屋を設定し、その附浦として松輪をはじめ三一ヶ浦を指定した。江戸への水産物供給地として指定された訳である。

文久三年（一八六三）の村明細帳では、人口一〇五〇人、馬四八頭、船八五隻のうち輸送用の押送船五隻（うち二隻休株）、漁船八〇隻であった。また、文政一〇年（一八二七）の村方漁師と肴仲買仲間の間での争論（漁師が自村で水揚げした蛸の「自送り」に対する異議申し立て）で申し立てた肴仲買仲間は九名で、うち二名が押送船を所有していた。

一色竜也（二〇一〇）「神奈川県における陸釣り遊漁釣獲量の推定」によれば、陸釣り遊漁釣獲量調査における神奈川県内一二の釣り場の推定陸釣り遊漁者数は、松輪は一二位で、第一〇次漁業センサス遊漁者数では九位であった。

秋元清治（二〇〇七）は、二〇〇一年から翌年にかけて一年間の、松輪地区における船釣り遊漁者数を八万五一九五人としている。全国で最も多い神奈川県の一〇七万人（二〇〇二）の約八%を占める。

川名登、堀江俊次、田辺悟（一九七〇）「相模湾沿岸漁村の史的構造I」によれば、松輪村では寛文九年（一六六九）の六〇〇〇文から明治五年の六〇〇五文を、海老網役の漁業年貢として納めていた。イセエビ漁が江戸初期からあったことがわかる。

同様の資料は、神奈川県をはじめ静岡県の初島にも存在する。その頃の真鶴《まなづる》村書上げ帖によれば、「八月より四月まで日暮に網おろし、夜中かけ置き、次の朝あげる。月夜には海老かかり申さず」と現在と変わらない。

松輪では海老網は大部分が一〜二名の小船持ち三五人が営み、上記の年貢はこれらの人々で割合ったものと思われる。酒五升分が一四〇〇文の時代の、六〇〇〇文である。季節の限定なく鯛網と同じ、二寸四分目のものを総数六一六反かけたようである。

江戸時代初期に庶民の衣は麻から木綿に変わっていたので、多分ここで使われている刺網の素材も、木綿だったと思われる。

松輪には現在も良い漁場があり、ナイロン網でイセエビ五トン前後をコンスタントに漁獲している。他地域で見られる近年の不漁は起きていない。

マサバの高級ブランドとして豊後水道の関《せき》サバがあるが、それと並ぶのが東の松輪サバである。黄金のサバとも呼ばれ、普通のマサバの十倍近い値がすると言われている。二〇〇六年に地域ブランドとして特許庁から認定された。

漫画『美味しんぼ』では二〇〇匹に一匹しかかからない幻の魚ということにされているが、これは実際とは少しちがう。二〇〇匹釣っても一匹くらいしか混ざっていないというのではない。いつ、どこで獲れたかが問題なので、群れにあたれば一〇〇匹中一〇〇匹ということも起こり得るのではないか。

そのように考える理由は、松輪地区の一本釣り船のマサバCPUE（※）の二〇〇〇～二〇一六年を検討したところ、八月の本牧岬南地先の表面水温と、大島東北沖六月の三〇m層塩分にまあ相関があり、二つの条件が重なったときは結構漁模様が予測できるという結果が、武内啓明（二〇一八）「神奈川県沿岸域の一本釣り漁業におけるマサバの漁況予測手法」によって出されたからである。

これは松輪サバの漁獲量が、春から初夏にかけて沖合から来遊する魚群の多少によって、大きく変動すると考えられていることと関係する。

しかしこれには、さらにいくつかのことを検討しなければならない。

(1) 松輪のサバ釣りは、かかったサバの身に触れることなく鉤をはずして、鮮度と味に気を使っているようだが、それでも価格は時期によって変動するのではないか。

(2) 松輪サバと認定されているサバの、松輪の一本釣りのCPUEはどうなるのか。

(3) 松輪の漁師が獲ったマサバはすべて松輪サバという、まさに地域ブランドになっているのかもしれない。

ともあれ、三崎の県水試の現在のサバ漁況予測の担当者に訊ねてみたところ、「二〇一七年以後漁獲量が減少しており、昨年はヒドイものだ。北上期のはじまりが獲れていない。出漁者数も少なくなりCPUEも使いにくい。」とのことである。これではわからない。

なお「松輪サバ三本仕掛け」という商品も販売されているようだが、いつでもどこでもこれを使えば、松輪サバが釣れるということではないのは確かである。

水産庁のマサバ太平洋系群の二〇二一年度資源評価によれば、二〇一七年の北部太平洋まき網漁業のさば類CPUEはこれまでで最大になり、以後二年間高い値が続いている。

いっぽう相模湾のA定置網漁場のマサバ年間漁獲量は、太平洋系群の資源量とは二〇〇八年以後の六年間、全く逆の動きをしている。（山本貴一〈二〇一四〉「神奈川県沿岸域へのマサバの来遊と表層水温分布の関係」）

国家と共同体での漁獲量変動の比較が、マサバでは全くできない。

松輪はまた船からのイサキ釣りで人気スポットである。秋元清治（二〇〇七）で見てみる。みうら漁協松輪支所は正組合員一三二名、準組合員三三名で、このうち遊漁船兼業は一二四名である。松輪の遊漁船業経営体（約七〇戸）から、三経営体（九七型遊漁専業船一、四・九七型遊漁兼業船二）を抽出し、二〇〇一年六月から二〇〇二年五月まで遊漁案内日ごとの遊漁者数、操業海域および魚種別釣獲尾数および釣獲重量を、標本日誌に記載してもらった。

その結果わかったことを、地区全体に引き伸ばして箇条書きにしてみる。

① 地区における遊漁者一人一日当りの釣獲尾数は、八月が三四尾、五～六月が二四尾前後となり、九月が一〇尾と最低となった。

② 魚種別釣獲尾数は標本船で四月から七月にかけて多く釣れるマアジが、地区の五〇％を占める。次いでサバ類が一三・二％。五月、八月、一一月、一二月に多獲される。五～八月と季節が限られるイサキは八・四％で、六月の二五〇〇尾から一〇〇〇尾という標本船での釣獲尾数となる。マダイはこの地区における釣獲尾数の三・四％である。四月を最高に、五月、六月、九月、一一月と続く。

③ 一番びっくりし、考え込んでしまったことは、採貝藻も含む地区の漁業生産金額と、

三浦半島の東の突端、剱崎を挟んで東に間口港、西に松輪江奈港がある。遊漁船は大人気で港の駐車場はいつも満杯。写真は松輪江奈港と松輪沖での遊漁船のマダイ釣り。

遊漁者による魚類と頭足類（イカ・タコ）の釣獲金額が、共に六億八千万円前後と変わらないことであった。さらにその遊漁釣獲金額を詳しくみると、マダイとマアジが共に全体の二六％近くを占め、マダイが二六・五％でトップであった。

④そのことは、水産重要種における松輪地区の遊漁と漁業の重量組成比によく表れており、遊漁での比率が一〇〇％のソウダガツオからマアジ、マダイ、イサキ、イシダイ、イナダ、ワラサと、九〇％のカワハギまで続くことからもわかる。

⑤結局、遊漁船業は、近傍の天然礁や人工漁礁に定着するあるいは回遊してくる高級魚をねらい釣獲しているのに対して、漁業はより遠方、あるいは広域の漁場で多獲性の強い魚種（タコ、スズキ、カツオ、キンメダイ、イカ類、サバ類）を漁獲しているという感じになる。

現在、筆者は一都三県のキンメダイ漁に社会的問題としてかかわっている。二〇二二年九月一八日の朝日新聞が一、二面を使って問題を取り扱ったように、キンメダイ漁は漁獲量維持ということでは重要な手本とすべき事例となってきた。

東京都の漁業者検討会に参加している中で、松輪の加山丸の発言を配布資料で知った。二〇二〇年二月四日の第一一回キンメダイ資源管理に関する漁業者代表部会の議事録には次のようにある。

神奈川の加山委員　神奈川県松輪地区の方なんですが、こちらの水揚量は、前年が五二トンでした。全部で一六隻、それで五二トン。そのうちの八割ほどは八丈沖で、残りはすべて東京湾でした。あと細かい所はまた明日の方で説明します。

中島水産の「おさかなぶっく」によれば、加山丸はある日、一〇トンクラスの船による三泊四日の漁、いわゆる八丈沖の沖キンメで、八〇〇kgのキンメダイを獲って間口港にもどってきたとある。漁協によれば、組合員の多い八ヶ久保地区の上に加山さんの家はあり、漁がない時は畑もやっているとのこと。

※CPUE(Catch Per Unit Effort)　単位努力量当り漁獲量。一日当り一人が何尾魚を釣ったか。

19

神津島が元気な理由

過疎と少子化に抗する東京都・神津島

漁獲量が増えたり減ったりするのはどうしてかわかっている範囲で考えてみる。

一九九八年に編纂された東京都の神津島村史第一章「神津島の概況　第六節　人口の推移㈢豊漁と人口」は非常にわかりやすい。享和から文化・文政（一八〇一～一八三〇）のカツオの豊漁は島に盛況をもたらした。文化五年（一八〇九）の人口が初めて一〇〇〇人を超えて一三九〇人を数えたという。

戦後一九五〇年から一九六二年にかけての二五〇〇人を超える人口を支えたのは、当時マンガー景気と呼ばれた、テングサ（天草）の一種のヒラクサ漁である。日本各地でおこった団塊の世代を産み出した人口増の時代とも重なった。その後ゼラチン原料としてのテングサ需要の下降により、漁獲量が低下すると共に人口も減少し、一九七〇年の国勢調査では二〇八一人と、大正五年から平成九年の八一年間で最低数となった。

一二行ほどの「㈢豊漁と人口」の結語は次のようになっている。

その後神津島は当時の「離島観光ブーム」と「かじきの突ン棒漁」に沸き二四〇〇人台の人口を維持しているがこれは各離島で現在も続き、歯止めの掛からない人口減少と比較してみても、漁業とのつながりを感ずるものである。

神津島漁協の水揚金額（漁獲物総販売額）は、一九六七年の二億一八二二万円から資料を見つけられたが、一九七三年に二億七千万円となり、十年後には一〇億を超えた。一九九〇年には一二億一一九二万円という、現在までの最高水準金額となった。一九九九年より二〇〇六年まで六億円前後を低迷し、二〇〇四年には四億八千万という一九七六年以来の最低値を示すことになったが、二〇一四年には一〇億円となった。ここ六年ほどは一〇億円前後で安定している。

神津島の水揚金額の変遷の中で重要な役割を占める、タカベ、カジキ類、イカ類、イセエビ、海藻類、キンメダイについて、具体的に漁獲金額（漁獲量の変動もほぼ同じ）が、どう変動してきたかを見てみる。

タカベ　伊豆七島の特産種。一九五三年から二〇一三年まで神津島の総水揚金額で一億円を超えて漁獲され続けていた。中でも大島から神津島の五島では一九五三〜一九五五年、一九六三〜一九七三年、一九八三〜一九八九年、そして一九九八年の四つの山が見られる。特に二番目の十一年間の山が、他の二倍半ほどの漁獲量である。

その変遷をもっともよく表し、タカベをよく獲っているのが神津島の建切網漁《たてきりあみ》である。二番目の山では総水揚金額に占めるタカベの寄与率割合は五四%で、神津島漁協にとってはタカベの豊漁でもった十年間といえる。三番目の山の一九八九年には二一・一%、四番目の山の一九九八年には二二・七%であり、二〇一七年の二・一%を最後に全く獲れなくなった。

カジキ類　突きん棒漁による水揚金額が一九七六年に一億円を超え、寄与率は二一・六%であった。この一億円超えは一九九四年（一四・四%）まで二十年近く続いた。最大は一九七七年の二億三千万円（二九・六%）であった。

イカ類　一九九七年に寄与率で一〇%を獲り始め、十一年後には二〇%となった。その後減ったり増えたりしながら一九九〇〜一九九一年の二三%前後と、二〇〇四〜二〇〇五年の二三%前後の大きな山を経て、減少しつつ、二〇一八〜二〇一九年の四%となる。

イセエビ　寄与率で最大値の二二・〇%を示したのは、水揚金額が一億円超の二〇〇二年だった。この年の組合の総水揚金額は四億九三四六万円であった。イセエビの水揚金額が一億円を超えた一九八七年から一九九九年までは、総水揚金額が七億から一二億と高水準の時期だったので、寄与率は平均一一・三%とそれほどでもなかった。とはいえ、イセエビの寄与率は二〇〇四年まで一〇〜二〇%を示し続ける。非常に頼りになる安定した漁獲対象魚種であった。

海藻類　ヒラクサの時代の末期一九六七年には、テングサ一四・九%、ヒラクサ一二・九%の寄与率であった。テングサは減少し続け、最近のキンメダイ時代では獲れても二%超。一九七〇年代後半に穫れだした、刺身のつま等に利用するトサカノリが一九八〇年代後半には一〇%を超え、一九九二年には二九・一%と大繁茂する。その後寄与率一九%台の山を二回経て、キンメダイの漁獲金額が年々倍増し始める二〇〇四年に、突然、収穫ゼロとなった。

キンメダイ 神津島では一九八八年・一九八九年の試し釣りのような漁を経て、いきなり一九九一年に四八〇〇万円（寄与率五・〇%）の水揚げを始めた。この金額以下の漁を十二年間続けて、漁協全体の最低総水揚げ金額の年の二〇〇四年に五〇〇〇万円（寄与率一〇・三%）を漁獲し、以後三年間は倍々ゲームを続けた。二〇〇八年からの七年間は、神津島漁協でのキンメ漁獲金額は、四億円から五億円の間を保った。その後、二〇一九年の七億六千万円（寄与率七五・三%）まで緩やかに増加した。

そして二〇二〇年、この先キンメ漁を続けたければ、漁獲量を五割削減した方がよいと水産庁が言い出したのである。

それではこのように漁獲量が増えたり減ったりするのはどうしてか。

基本的には、生み出された卵や幼生稚魚などの生き残りや漁場への配分が、海況変動により左右されることによるものと考えられる。詳しいメカニズムがわかっている種類は少ないが、あと十年位で大体の様子が明らかになると思う。

とはいえ、伊豆七島の漁業者が頼りにしている種類については、いったいどうなっているのか知りたいのも事実である。現在わかっている範囲で考えてみる。

乱獲や環境破壊など、人為的な要因によると考えられる漁獲量減少については、行政や大学の研究者はほとんど発言しない。人為的な要因は、漁業者や筆者の考えに基づいている。

①海況変動により、資源量そして漁獲量が増減するもの。タカベ、トビウオ（八丈島のハマトビウオ）、イセエビ、サザエ、海藻類。なおタカベ、ハマトビウオ、イセエビについては筆者が検討し、東京都の漁業者検討会で報告している。

②よく分かっていないというより、きちんと調べられていないか、または調べられてはいるが複雑過ぎて、筆者には①か②か、それとも両者が共に影響しているのかがよくわからないもの。アオダイ、ハマダイ、メダイ、ムロアジ、サバ、カツオ、マグロ、キンメダイ。

③無差別・大量・大規模漁業の影響で、沿岸漁業の漁獲量が減少したもの。カジキマグロ類が突きん棒漁で獲れなくなったことについては、大目流し刺網漁の拡大が原因と考えている。

二〇二〇年、一都三県のキンメダイ漁に対して、水産庁は漁獲量の五割削減を言い出した。漁業者は我々に死ねということかと大騒ぎになった。水産庁の採用しているMSY理論に基づく資源管理策が誤っていることが根本の問題である。一都三県のキンメダイ漁獲量変動は、海況変動で予測できることを、筆者は漁業者検討会等で説明した。

二〇二一年一〇月に、水産庁は二割削減でよいと言い出した。

一カ月後、二〇二一年一〇月末から一一月初めにかけての水産庁の島（浜）まわり聴取によって、漁の実態に基づく漁業者からの意見が噴出した。神津島では漁休みの四九名が参加した。

本書61ページの表で、東京都の島しょ部の町村と漁業地区について、子どものにぎわい等を整理した。神津島の人口減少率は、小笠原に次いで小さい。本章冒頭の神津島村史で自負している勢いが維持されており、過疎化への歯止めにもなっている。

二〇二一年九月、東京都が公表した「東京都過疎地域持続的発展計画（令和三〜七年度）」における、島しょ部での過疎地指定町村は、大島町、新島村、三宅村、八丈町、青ヶ島村である。本書で取り上げた〈元気な漁村〉の利島村、御蔵島村、神津島村、小笠原村は過疎地には指定されていない。東京都の関係者が提供してくれた資料により、最近分かった。

筆者は「現代思想」二〇一七年一二月号において、「人新世の相互扶助論」と題し、少子化に抗する町と村の例として、神津島村漁協のキンメ漁への取り組みを切り口として、神津島村における相互扶助について藻谷浩介（二〇一七）の指摘を取り上げている。

「次世代再生産性の高い自治体は、子どもの多い家庭を社会が温かく助ける気風を残しているのであり、都会ほど東日本ほどそういう相互扶助が少なくなっていると推論されるのだ。」――。

岡檀（二〇一三）の〝自殺の少ない町村のベスト一〇〟の六位に神津島村がある。

神津島村には江戸時代末期より、船元と船子という世襲の親方子方関係よりなる、漁《りょう》船組織である網組がある。

神津島「ありま展望台」から前浜港を遠望する。

船子の若者は船子仲間をつくり、島内八つの地域に分けた地縁的な寝宿（ゴウ）で一二～一五歳頃から一緒に寝泊まりするという、夜の仲間の結合組織をつくっていた。（小池秀夫〈一九七〇〉「神津島の農漁業の地域性と変貌」）

明治末期から大正中期になると、それまでの網組にとって替わり、主として三〇歳以下の若者たちが新しい経営主体となり、地域ぐるみで新たにできた八つの〝網組〟による独特な共同経営方式による操業が打ち出されてゆく。（永野為紀〈一九七二〉「神津島における建切網漁業の構造」）

カツオ釣り、棒受け網は漁獲量減少にともない〝網組〟の数を減らしてゆき、残った若者仲間はタカベの建切網を中心に、一九七〇年には三つの〝網組〟を維持した。

若者仲間による〝網組〟は、役員を選挙で選び、生産を共同化し、収益の配分もかなり平等なものであった。この協業体制が神津島における漁業の、資本制的発展を抑えたと考えられている。神津島の相互扶助の気風への影響は大きい。

小池（一九七〇）は一九六八年の第四次漁業センサスを基に、〝網組〟の存在との関係で、神津島では経営規模の格差や漁業収入の差が小さくなっており、これは伊豆諸島の他の漁村では見られない現象だとしている。二〇一八年の第一四次漁業センサスで小池（一九七〇）が比較した八丈島では、格差はさらに拡大している。

漁獲物の販売金額別経営体数において神津島一〇〇万～三〇〇万円と、八丈島八〇〇万～一〇〇〇万円が、共に一五経営体という肩をもつ高原状態を示すが、八丈島では一〇〇万円未満に一九と、二〇〇〇万～五〇〇〇万円に一六経営体と、飛び離れたところに二山を示す。大島、新島、三宅島は一〇〇万～三〇〇万円に四〇、一七、一二という最大の山が一山しかない。神津島や八丈島のようにキンメダイ漁に特化していないため、格差もあまり生じていない。

神津島では販売金額なしが九経営体存在する。他島では見られない漁業地区における高齢者の表出という新たな問題が起こっている。東京都の島しょ地域九町村において、六五歳以上の人口の割合が新島村の三九・九％から小笠原村の一五・五％と拡がる中で、三〇・〇％と五番目の神津島はそれほど高齢化率が高くはない。

いっぽう年齢別漁業就業者数において、神津島では一九八八年の一五名に次いで、第一四次漁業センサスでは二四歳以下が九名現われた。

漁村・神津島はどっこいがんばっている。

20

初島の行き方

静岡県・熱海市初島の観光

**地産地消、六次産業化に成功、
観光事業で生きていくことを選んだ漁村。**

内田寛一（一九三四）『初島の経済地理に関する研究』を見て驚いた。附図一「地籍別分布総図」と附図二「畑の等級別分布図」という明治二三年の土地台帳による大版多色刷りの図を見て、利島の椿畑の所有関係図や渡名喜島の畑の地割図を思い出したからである。

ここでは畑の耕作利用の話ではなく、それらの畑を二つの観光会社と賃貸契約をして、初島の四一戸の島民が観光事業で生きて行くことを選んだ話をする。

初島は、江戸時代から漁業と農業でほぼ自給自足の島であったのが、ここ五十年ほどで観光立地の島へ大きく転換した歴史がある。

その際には昭和一〇年（一九三五）の「つるやホテル」騒動が、島の人々に土地は売買しないという不文律を肝に銘じさせたことを、重く考える必要がある。ホテルの経営者が島全体を買収し島を一大娯楽センターにしようとし、島民の四分の三が賛成した事件である。

島の有力地権者が賛成せず、この計画は中止となった。

一九六四年　富士急興業（株）が初島バケーションランドを開設したが、これは島の北東部の畑地（下等が中心）を賃貸契約したものである。

一九六八年　民宿経営許可が下り、民宿経営急速に広まる。

一九七三年　初島漁港が完成。この頃より初島への来島者数が増加し始め、二十年間二〇万人を前後する。

一九七七年　初島の人々は過疎化対策としても大規模な観光開発を考えるようになり、島内全戸が加盟する初島区事業協同組合を発足させる。同組合が一〇%の株を保有する日本海洋計画（株）が一九八五年に設立される。

一九八五年、日本海洋計画（株）が「初島クラブ」を設立した。

初島は周囲約四km、面積四四ha、高度三〇〜四〇mの平坦な島であるが、南西部の上畑のある一八haについて、後にリゾートホテルエクシブ初島と変わる初島クラブと、初島の四一戸の個人の土地所有者が、初島区が仲介して土地の賃貸契約を交した。

その土地は、一九六一年から始まった有名なタクアンの大根畑であった。年八〇〇〇万円の地代で、一戸当り年間約二〇〇万円の収入がある。

オープン時の従業員数は一四〇名余りで、寮住まいで平均年齢は二三歳である。二〇一五年の国勢調査では、初島の産業別人口は有職者二七七名中、漁業が三名、宿泊業が二三一名で、完全に宿泊業の島になっている。後者には初島の民宿経営者二〇数軒が含まれている。

初島の行き方を知る時、沖縄県水納《みんな》島の行き方は考えさせられる。

宮本常一ほか監修（一九九五）『日本残酷物語1　貧しき人々のむれ』の第一章「追いつめられた人々」の冒頭、海辺の窮民、アイの風のめぐみは、水納島の話である。戸数二九戸、人口一八九人の島の人々は、島の北側の八重干瀬で船が遭難するようにと願ったというのである。昔から遠くに行く船がよくそこで座礁したという。

橋本倫史（二〇二二）『水納島再訪』は次のように報告している。一九六〇年の人口一〇三名、一九七〇年に二〇世帯六四名の島に、一九七四年、本土企業が観光施設づくりで島おこしをと、土地を提供し、売った金で出資し、共同経営をと持ちかけた。

島の人々は、島を守る会をつくった。不在地主からは土地を買えないので、農業振興地域に指定して、土地を売れないようにして守った。二〇二一年現在の人口は二〇人である。この先は無人島化かという中でこの本は書かれている。

初島は、江戸時代から世帯数を四一戸に制限した島として、山階芳正（一九六一）「伊豆初島における戸数の固定について」の研究以来有名である。しかしそれは在来の旧住民に限ってのことで、リゾート化の結果、新住民の移住により、ここ四十年ほどは様相を一変している。

なぜ四一戸に制限したかについては諸説ある。一要因である漁業における共同漁業経営による収益の均等配分制は、イセエビ漁である部分維持されているが、本質的には変化し、四一戸だけが変わらない。

そのイセエビ漁だが、漁協の保存している一九八一年からの漁獲量を、水口憲哉・出月浩夫（二〇一五）「海況と漁獲量予測―漁場への加入をイセエビで考える―」と同じように、本書のために分析してみた。

海況のレジームシフトごとに、屋久島から黒潮流軸までの距離、神奈川県真鶴町岩の表面水温、そして石垣島からの黒潮流軸までの距離をもとに、漁獲量を二年前に高い精度で予測できることが明らかになった。

変動する海況のもと、百年以上続く漁のやり方で漁獲量が維持されている。

初島の場合、収入をほとんど漁業に依存していない。一軒当りの年間収入がイセエビでは一〇〇万円にもならないが、このイセエビ漁を維持することは、密漁や汚染、そして海の乱開発を防ぐのに重要な役割を果たしている。

本書でも取り上げている神津島をはじめ、量は多くないがイセエビが一定収入を保証するという漁村が多い。

世界的に見ても、デューレンバーガーとキング編（二〇〇〇）「漁業管理における国家と共同体」のI部常民（Folk）管理四章中二章が、メキシコとベリーズのイセエビ漁である。それはラドル（一九九七）が見切っているように、海況変動という予測不可能な事象を無視して行われる、国家による資源管理なるものの限界をまさに示している。

初島漁協で初島区の総会等について教示を受けている時に、初島区会も漁協も事業協同組合も三月のはじめの同じ日に総会をやり、まず区長が決まるとその人が漁協組合長も事協理事長も兼務する、と聞いて驚いた。組合構成員が初島ではみな四一名である。

この三つの組織の重層構造が、初島、九木浦（三重県）、尻屋（青森県）でどうなっているのか比較してみる。資産管理団体と、地区の集まりである部落会と、漁協がある。三つの地区で機能と重みは異なるが三層構造となり、新住民も組み入れながら機能している。

下田ほか（二〇二〇）「漁村における漁業株組織の形態と役割の変遷に関する研究」によれば、九木浦では漁業株組織である九木浦共同組合が歴史も古く権威もあるが、二〇一一年に株主以外の住民も含めての地域自治組織として、九鬼町内会がつくられたという。

資産管理団体としては、初島区会、九木浦共同組合、尻屋の土地保全会が旧住民の組織として部落を仕切っている。第一種共同漁業権を基盤とする漁業協同組合は職能団体ではあるが、三つの地区で果たす役割が異なっている。

初島では、漁協組合員の観光事業を運営する中小企業法にもとづく事業協同組合が、昭和五三年（一九七八）につくられた。これがあまり知られていないが先進的なところである。そしてこの事協が、漁民の営む民宿、食堂、みやげもの店等観光事業の客の予約等、ほとんどを仕切っている。

前掲内田（一九三四）に、享保年間（一七一六～一七三六）に初島村と網代村で漁業権拡張の争いになり、訴訟騒ぎともなり、文書も残っているとある。サバ、アジを獲る棒受網《ぼううけ》をめぐってのもので、初島の漁船はわずか六、七隻であるのに対して、網代は六〇～七〇隻、時としては一〇〇隻、二〇〇隻も出て来て、初島の船を取り巻いて乱暴を働き、網を切り取り、船具を奪ってゆく等のこともあったという。

現在でこそ初島は、沿岸のイセエビ刺網しかやっていないのでそのようなことはないが、二〇一八年の漁業センサスでは初島は船外機二一で、網代は船外機船二七と動力漁船二六（総トン数二〇二・三トン）と、漁船の数で圧倒的な差があることには変わりがない。

網代は漁業基地として、大型定置網一と沿岸かつお一本釣り一の会社があり、労働力も五四人で平均年齢四七歳なのに対して、初島は労働力が二三人で平均年齢五七歳である。本当に初島では、本格的漁業としてはイセエビ刺網漁しかやっていないことがわかる。

何よりも、網代の子どものにぎわいは〇・二五六で、静岡県で二位であることで、〈元気な漁村〉の代表であることがわかる。ちなみに初島の子どものにぎわいは〇・一四八である。

二〇一八年の漁業センサスで、初島の二〇～三九歳の労働力は三人だが、国勢調査（二〇一五年）の年齢別構成では一三七人である。

大部分の若い人々は、エクシブ初島の従業員ということになる。

初島の若い労働力の大部分がホテルの従業員という事実は、島の空中写真を見ると考えさせられる。島の西端に白亜のホテルがあり、北端の漁港の近くにある住民の居住区は、城下町に住まわせてもらっています、といった観がある。

それと比較して、沖縄県南城市奥武島の空中写真は、島全体にびっしりと昆虫の卵が産みつけられたように、住宅が粘りついている。初島と奥武島の人々の暮らし方の全く異なっていることが、島を鳥瞰するとはっきり見えるということである。

初島を調査研究した祖田修（二〇〇四）「初島―洋上の形成均衡世界とその変容」は、初島を形成均衡の世界と見ている。人間の自己コントロールによって形成された、人間と自然が共生する安定的永続的な持続的地域（生活世界）だと言うのである。

海況変動や他産業の影響を受けることが少なく、または受けてもどうにかそれに対応して、安定的で永続的な持続的地域（共同体）を営んでいるからのようである。

本書で言うなら、尻屋、神津島、奥武島も、同様なのではないだろうか。

初島はイセエビに限っては地産地消であり、六次産業化に成功した漁村として独自の行き方で維持されているのも確かである。

21

何百年も変わらない未来へ

青森県・下北郡東通村尻屋と共同体の明日

昔からやってきたことをやり続けているだけで、子どものにぎわいは青森県で第一位である

一九二二年、青森県尻屋沖で海軍特務艦「労山」が遭難した。乗組員は尻屋に一ヶ月余の滞在を余儀なくされた。その際に見聞きした土地の風俗や特殊な慣行を、尻屋の共産制、尻屋の共産部落として、新聞各紙が報道した。それは尻屋に特別な制度ではなく、元来どこの共同体（部落）でも大なり小なり行われていたという理解は、現在では当り前になっている。

田中舘秀三と山口彌一郎（一九三七）「尻労部落の共産制と漁業権問題」の言うように、尻屋の西隣の岩屋でも、南隣の尻労でも同様のことが行われていたが、共に尻屋より早く、そのような制度が廃れていった。

今日では、デヴィッド・グレーバーとデヴィッド・ウェングロウ（二〇二一）『万物の黎明 人類史を根本からくつがえす』（酒井隆史訳、二〇二三）の「社会的不平等の起源」に見られるように、人類史の初めは原始共産制のユートピアであった、という通説は否定されている。

しかし二人のデヴィッドのこの本は、季節的に体制を変えていたという例も提示して、人類学的事実にもとづいて考えなおすことを求めている。人々の暮らし方はそんなに単純なものではなく、再考すべきであるというものだ。

要は、人々の暮らしの歴史は、まだよくわかっていないということである。

同書の第四章「自由民、諸文化の起源、そして私的所有の出現」では、「平等主義的」社会においていったいなにが平等の対象となるのか、と、問いかけている。北アメリカと日本における古代の狩猟採集民に関するあらたな発見が、社会進化を根底から覆すものであることが示される節で、青森県の三内丸山遺跡が検討される。

「日本列島では、前一万四〇〇〇年から前三〇〇〇年のあいだに、一〇〇〇年周期で集落の形成と分散がくり返されている。」とした上で、「野生の食物を調達する伝統では、海域に適応したものからドングリを基礎にした経済まで、地域的コントラストがはっきりしているが」と東京湾東部の研究結果も参照しながら述べている。

ただ現在のところは、「その断片をつなぎ合わせていくことで、将来的になにがみえてくるか、だれにも予想できない。」としている。「三内丸山遺跡は、前三九〇〇年から前二三〇〇年のあいだに人びとが居住していた」。その頃、尻屋ではどうだったのか。東通村史歴史編I（二〇〇一）によれば、尻屋地区から八ヶ所の縄文期の遺跡が発見されているという。

水口憲哉（二〇一七）では、尻屋について一七七六年から二〇一七年まで漁業経営体数または漁家戸数が三三戸から三八戸で、人口も三〇〇人前後と変わらないことに注目している。これは江戸時代からの部落会（戸主会）の正会員数に注目した場合のことだ。実際にはその後一八八九年の二九戸・二二九人から、二〇〇六年の一〇五戸・四一二人、最多期の一九八〇年二〇〇世帯・七五四人と、尻屋部落に居住する人口は大きく変動している。

第Ⅲ章20で見た初島などと同じように、尻屋では村内の分家の創設は抑制され、旧来の部落の戸数は維持されてきた。しかし港湾工事と日鉄鉱業の石灰岩鉱山採掘事業などがはじまって、にわかに賃労働の場が生じ、村外からの移住者が増加したためである。

このことと関連して林研三（二〇一一）「漁業集落における〈個と共同性〉（その2）」は尻屋部落の「土地保全会」に注目している。現在この会は約二五〇町歩の山林原野を所有しており、日鉄による石灰岩の採掘場、三菱マテリアルのセメント工場地もその一部である。これらの企業からの採掘権料や賃借料が「土地保全会」に入ってきているので、構成各戸には毎年約一五〇万円が配当されている。所有財産のない部落会や漁協よりも、規制力が大きいようである。

堀経夫、荻山健吉、横山武夫（一九三二）『青森県尻屋部落経済制度一般』によれば、当時は部落の第一の産物となっているフノリほかの雑海藻は常に収穫金額が大きいが、「村制」に規定はなく、許容時間内の自己の採取分がそのままその人の収穫分となる。

長い間、コンブが部落の最重要産物であった。コンブの採取は一五尺もしくは二〇尺という深さに潜って刈り取るため、村人の中には健康な若者でもこれができない人もいるし、家族的に共同してやろうとする部落民全体の考えもあり、採集労働に参加した一五歳以上七二歳までの男子に、頭割りに等分される。

世間では「尻屋共産村」というが「これは資本主義制度の発達以前に処々に存在した制度の残存せるものであり、決して資本主義制度の中に胚胎し発展したものではない。又それは平和を重んじ、権威に対する封建的尊重に基礎を置き、相互の了解の上に建設せられている所の、一の共同社会である。筆者が上来共産村落なる名称を避けて、尻屋を共同経済とか家族的統制経済とかに基く部落となした所以は、ここにある。」（堀経夫ほか）としている。

尻屋における〝貰い子〟（よその地区から貰ってくる子）の存在を、戸数の維持と大家族制そして頭割の収穫物の配分等との関係で、どう考えるかは難しい。林研三（二〇〇八）「〈貰い子〉と家族と村落」は〝貰い子〟の実態を「大正一一年の九八名から昭和三二年の一六名まで」とし、昭和四〇年まで続いたとしている。

尻屋部落では重要なコンブについて、激しい漁獲量変動があった。一九二八年（昭和三）の駒ケ岳の噴火による軽石の漂着があり、堆積以後コンブ中心の生活が激変し、一九八二年（昭和五七）までまったく採取されていない。立縄式コンブ増殖によりどうにか回復し、この年の秋、四十数年ぶりにコンブ拾い、コンブ干しの光景が出現した。しかし、そこでは採収物の等配分などは行われていない。（林研三〈二〇〇九〉「第一報告　漁業慣行と漁業協同組合」）

一九七九年（昭和五四）までのウニ、アワビ、海藻類の総生産金額に占める比率は七六・六％（一九七八）である。一九六一年から一九七四年の同比率の平均は六六・六％と、尻屋は完全に磯根漁村と言える。いっぽうで尻労をはじめ沖合で昼イカ漁がさかんになり始め、尻屋でも第一種漁港が完成し、サケ小型定置網漁業が共同経営体によって始められた。

その過程で、江戸時代から漁場紛争に明け暮れていた岩屋、尻屋、尻労の三部落の間にも多様な変化がみられる。一九九八年から二〇一八年までの五回の漁業センサスから最近二十数年間の年間販売金額の階層分解過程を見てみる。

岩屋　五回のセンサスの平均個人経営体数は八三で、販売金額の平均値が二八〇万円と低額である。一〇〇万円未満の経営体が常に最多。一九九八年と二〇〇三年に共同経営体が一件存在した。

尻屋　平均三九個人経営体で常に共同経営体が一件存在し、二〇一八年に会社が一社できた。販売金額が一〇〇〇万～二〇〇〇万円台で常に最多の単峰型で収入状況が三部落で最も均質で高額。平均値は一七〇六万円。

尻労　平均三五の個人経営体で常に三または四の会社がある。二〇〇八年以後は一〇〇万～五〇〇万円の販売金額が最多であるが多峰型で階層化が激しい。会社があるので販売金額の平均値は二三〇七万円と三地区で最も大きい。

加瀬和俊（二〇一七）は総研レポート「漁協自営漁業の実態に関する調査」の中で尻屋、尻労両漁協について的確な整理をしている。

尻屋漁協「生鮮魚介類の受託販売高は平均して年7～8億円であるから1世帯当たりでは2000万円前後に達していることになる。組合員の営む漁業種類はイカ釣り・一本釣り（その漁船規模はほぼ3トンから10トンまで）・天然コンブ採取が全37戸によって営まれている。このように本漁協は等質的な家族経営の少数の組合員によって構成され、その水揚高は沿岸漁業の中では最も高い水準にあるといえる。」

尻労漁協「正組合員57名、職員6名である。受託販売額は5～6億円内外（表2参照。引用に当り表2削除）であるが、このうち3～4億円は2か統の大型定置網の漁獲である。この定置網は法人経営であり、その従事者は陸上作業者も含めて37人に及んでおり、正組合員のうち30人がその従事者であるという。その意味で本組合は定置網乗組員を中心とした組織であり（後略）」

ここで、「人新世の相互扶助論」（水口二〇一七）で検討した尻屋の現状について考えてみたい。尻屋は青森県下北郡東通村の八つの漁村集落の一つということで分かるように、西には大間原発の建設工事中、関根浜の原子力船「むつ」の元母港で現在は核廃棄物中間貯蔵施設、南には東通原発、六ケ所村の再処理工場そして軍事施設にとりかこまれている。水口（一九八九）の地図では「原発をつくらせていない地域」となっていた。

東通村の村内には現在も百三十年前の漁民集落八つが存在し、白糠漁協など八つの漁協がある。白糠漁協の根強い東通原発建設反対の中、北は尻屋漁協の南隣、尻労漁協までが漁業補償に応じた。最終的に白糠漁協も二〇〇三年漁業補償に応じ、三十八年の反対闘争の幕を閉じた。尻屋はこれらの核施設と密接した関係にあるが、建設反対等の声は外には伝わらず、核利用に隣接しながら隔絶しているかのような関係を保っている。

問題は福島第一原発の事故後、停止したままの東通原発の再稼働である。もし大事故が起こったら下北半島の北東端に位置する尻屋は、伊方原発の西に延びる佐田岬半島の漁村や、志賀原発の北にある半島先端の輪島市や珠洲市と同様、避難はどうするかという問題を抱えている。

かつて能登半島と下北半島を原発等核関連施設の存在で比較したことがある。二〇二四年一月一日の能登半島地震で、もし珠洲原発が建設されていたら震源は直下だった。何が起こったかは想像したくもない。そうでなくてもすでにある志賀原発の存在だけでも、それより北端の二〇の孤立集落の存在が、一月六日現在で問題になっている。

尻屋は避難できず、内に閉じた自立的集落として放射能に曝されてゆくのだろうか。希望的願いではなく、尻屋をとり囲む核利用施設はこれから二十年のうちに、事故を起こすこともなく立ち腐れてゆくという見切りに支えられて、尻屋の人々はこれまでと同じように、これからの百年を生き続けてゆこうとしているかのように思える。

いろいろな意味で尻屋という漁村の生き方は人々に多くのことを考えさせる。

しかし、尻屋としてはその時々にそういう選択しかなかったのではないか。社会を変える、村を変えるということは考えていない。まず自分たちの部落（漁村としての共同体）を維持すること。そのためにはいろいろなことをやってみる。

水口（一九九〇）の漁業経済学会での講演発表「漁村における資源維持の論理」の終わった後で、加瀬和俊氏が近寄って来て、〝結局、何もしないのがよいということか〟とコメントしたのが印象深い。尻屋も、国や研究者の言うことなど外部の声はほとんど考慮することはなく、自分たちの考えで昔からやってきたことをやり続けているだけということではないのか。

それが漁村の維持ということなのかもしれない。

尻屋は特別なことは何もしていない。ただ、人々の間の平等を維持しているだけなのに、漁獲物の平均販売金額は二〇〇〇万円で、子どものにぎわいは青森県で一位となっている。

そして、国家の核開発との微妙な位置関係。生業としては完全に沿岸漁業中心で、それも一〇トン以下の小型漁船によるものだ。第一種共同漁業権という総有の漁場中心の漁業であり、本書で取り上げた漁村の中では一番オーソドックスで目立つ存在である。

グレーバー（二〇一一）『負債論　貨幣と暴力の5000年』（酒井隆史監訳、二〇一六）の示す基盤的コミュニズムの原理「各人はその能力に応じて貢献し、各人にはその必要に応じて与えられる」という暮らしが可能な人間関係というか、共同体が尻屋では維持されていると言える。

本書第Ⅰ章3「漁村の相互扶助」でもふれたように、相互扶助論でクロポトキンが言いたかった村落共同体主義を体現しているとも言える。

第Ⅳ章

百年後の漁村へ

共同体の力

第Ⅱ章10において、漁村の成り立ちは江戸時代の自然村で、現在の漁業センサスでの漁業地区と同じであることを紹介した。自然村とは江戸時代に人が集まって自然発生的にできた村のことである。江戸時代と変わらない単位で今も漁村はある。

つまり都市化し、近代化した日本の中で漁村のことを考える際には、江戸時代の状況を常に頭の隅にとどめておかねばならない。本書で扱った〈元気な漁村〉は、みな自然村だった。北海道にはそもそも自然村はないが、基本的に漁村に関わる制度は百数十年前から同じである。

斎藤幸平（二〇二〇）は『人新世の「資本論」』で、マルクスの「ザスーリチ宛の手紙」を引用し、「「資本主義の」危機は、資本主義制度の消滅によって終結し、また近代社会が、最も原古的《アルカイック》な類型のより高次の形態である集団的な生産および領有へと復帰することによって終結するであろう。」（191ページ）と書いている。

グレーバーの言うようにヨーロッパにおいて、後に福祉国家となる主要な制度のほとんどの起源は、政府では全くない。労働組合、近隣アソシエーション、協同組合、労働者、階級制とあれこれの組織にいたり着く。

漁民集団の基盤は総有の漁場だ。漁村には江戸時代から総有という考え方があった。現在も漁民総有の第一種共同漁業権が法的に認められ、厳然として存在している。漁業協同組合を管理の主体とし、漁民が漁場を共同で利用し、共同で管理する。

自然村に対して行政的に作ったのが行政村だが、市町村制度と、漁業組合・漁業権の考え方は合致しない。市町村を合併させて管理しようとする国の論理へのアンチテーゼとして、漁村の論理がある。国家と共同体とは相反する性質を持つものだ。小さくて弱いものは助け合わなければ生きていけないという考え方を、村内で、そして村外とも実践する。

基本的に漁協が活発な地域は元気である。第Ⅲ章20で見た通り、初島では漁場と漁協と土地を自分たちの手で守ってきた。「絶対に土地は売らない」とがんばった。そのための組織もちゃんと作ったから今がある。

一方、貧しい漁村では漁業だけでは暮らせない。だから共同体として色んなことをやって、暮らしをたてている。村落共同体では、庶民の連帯と相互扶助が昔から行われてきた。

共同組合と相互扶助

江戸時代からある民衆の間の助け合いの仕組みを経済的に見た本が、第Ⅲ章14で紹介した『相互扶助《ともどう》の経済』である。著者のテツオ・ナジタも漁業に分け入れば、村張りの定置網や共同組合にたどり着いたかもしれない。

その意味で本書26ページの結論「共同組合というのは上や行政から言われてつくるのではなく、

人々（下々）が必要にせまられて勝手につくっている団体」に至るといえる。自発的に作る代わり、国家からはなんの援助もない。

第Ⅰ章2でも触れたように、共同組合は庶民が知恵を絞った世の中のしのぎ方でもある。個人も世の中をしのいでいるけれど、個人がまとまってしのいでいるのが共同組合である。

本書の中では、資本主義的な変化の中でかろうじて残っている漁村を取り上げている。共同経営といっても、大きくなると会社をやっているのと同じになる。お金がらみの共同経営と助け合いの共同経営とは異なるが、村張りの定置網はその中間的な立ち位置にある。

漁業組合そのものが相互扶助の組織である。漁業組合も本当は共同組合と同じことができる。現代で問題になっているのは漁協の資本主義的な変質だ。漁協が経済行為をするからおかしなことになるので、漁協組織の再生が必要である。

何も漁村に限ったことではなく、人はそれぞれの地域でどうにかして生きている。変わっていく世の中で、地域または漁村として、変わらない暮らしを続けている。そこに昔から変わらないものとして相互扶助がある。相互扶助といっても、具体的にどのように、どの程度にと数値では示せない。村落ごとの共同体としてのゆるやかな相互扶助の枠組みは明確に存在するが、その性格は個々色々である。

漁村の人々は目の前に難破船があれば、見捨てずに必死で救助する。その結果としての、時代を越えての相互の助け合いは、142ページの御蔵島の項で述べた。現代にあって大切なのは、スマホで知ることのできない情報に基づく生き方、暮らし方である。だけど現代の漁師は天気予報の情報をスマホで知って楽をしている。

生き心地のいい社会

都道府県別の資料で子どものにぎわいとの関係を見た場合、二人以上世帯の一ヶ月ごとの可処分所得が多いほど、子どものにぎわいは小さくなる。金持ちほど子どもは少ない。二〇一三年の資料では、一〇万人あたりの自殺率が大きいほど子どものにぎわいは小さくなるという全国的な傾向が見られる。

個々の漁村において、子どものにぎわいの意味は、単純ではないことを本書で検討した。子どものにぎわいが大きい方が幸せというわけではない。しかし一つの事実として、子どものにぎわいが大きい漁村は元気である。

一八九七年にフランスのデュルケームが『自殺論』（宮島喬訳、一九八五）で書いたことは人類不変の真理なのかもしれない。すなわち、共同体が作られているところでは自殺が少ないということ、自殺の少ない村は子どもでにぎわうということ。デュルケームは中間集団と言っているが、共同体と同じ意味である。

清水康之（二〇二四）は日本都市センター報告書「協働型の地域自殺対策と自治体」の中で、

子どもの自殺対策をどう進めるかを書いている。結語は以下の通りである。〈こどもたちは社会の未来であり、同時に私たち大人はこどもたちにとっての未来でもある。（中略）私たち一人ひとりがそれぞれの人生を精一杯生き、「いろいろと大変なことやつらいこともあるけれど、人生は決して捨てたものじゃない」と思える生き方をすれば、さらに「社会は常に変わるものだ。問題があればそれを変えていくことが私たちにはできる」と社会問題の解決に取り組むことができれば、そうした大人たちの姿はこどもたちにとってこれ以上ないエールになるのではないか。〉

清水は自殺に対して「生き心地のいい社会」を打ち出し、自殺は個人の責任ではないとした。これを常に変わっていく漁村との関わりの中で考えていきたい。

島の暮らしと新住民

岡檀（二〇一三）の〝自殺の少ない町村のベスト一〇〟では、島であり、海岸にあることが自殺の少なさと関係することを示している。そのまま村落共同体である島の暮らしに、自殺の少ないことは確かである。ただし、それほど大きくない島であること、南に位置する島であることなどの条件がある。

第Ⅲ章17でとりあげた自殺の最も少ない島である利島は、若い人の多い島である。役場・

伊豆諸島・利島。

農協・漁協といった組織の構成員はほとんどがIターン組で、Iターン組の子どもが多い。新住民と先住者とのつきあいは少ない。行政者と生産者の関係ともいえる。新住民が加わって新しい生活になっている。

利島での人間関係は、閉鎖的なムラ社会では全くない。疎でもなく密でもなく、ほどよい距離感を保ちつつ、ベタベタせず、かつおろそかにしない。先住者は外からの若者の移住をクールに認めつつ、移住者と先住者とが家族のようになっている。利島では子どもを島内のよその家に預ける風習があった。ベタベタしないことにはそういう背景もあるのかもしれない。

本書に登場する町村八ヶ所のうち、じつに四村が〝自殺の少ない町村のベスト一〇〟に入っている。民俗学でいう「結」や「若者組」とは別の、村張りの定置網、共産部落と言われた視点なども取り入れた結果、本書で扱った〈元気な漁村〉のラインナップになった。これが筆者の考える相互扶助なのかもしれない。

全国を見わたして、漁業者が新住民として主な構成員になっている漁村は少ない。少ないから漁村の人口は減っている。

たとえば第Ⅲ章21で見たとおり、尻屋の先住民の組織には移住者は入っていない。地元から土地を借りている鉱山等の施設の作業員と地元民とでは、別の世界が存在している。尻屋は自分たちのしぶとく確かな生き方を守ってきた結果、子どものにぎわいが青森県第一位の今があるといえる。

村によって個人個人が違えば、それぞれの暮らしも違う。本書では漁村という小さい単位で調査している漁業センサスに注目したから、それぞれの特徴が浮き彫りになった。漁村は個々ばらばらで多様なために、ひとつの論理で通した結論を出すことは不可能だが、それぞれの置かれた事実はこうであるという提示をした。

資源維持について

魚を商品化して新自由主義的な発想になったら、漁村の漁業管理はうまくいかない。その点で、先住民がやっていたやり方が資源維持につながるということは、はっきりしている。

アイヌの人々が自然産卵中心の考え方で漁獲していたのは、オスや産卵後のホッチャレだった。地先のサケを維持的な慣行をもって賢く利用していた。明治政府はサケ捕獲を禁止したが、道庁は一九二八年から一九五二年まで河川でのサケの流網と刺網漁を許可している。制度は絶対ではなく、時代背景や関係者の考え方・働きかけで変えられる可能性がある。

42ページで見たように、明治漁業法は江戸時代の状況を基に反映している先住民の法律といえる。「磯は地付き、沖は入会《いりあい》」の思想は変わっていない。

日本の沿岸漁業、特に第一種共同漁業権漁場内の漁業では、資源維持の方策は、漁具・漁獲方法・漁期などについて共同体（漁協や漁村）で話し合って決めればいい。共同体（漁協）がうまく利用しているものを、間違った考え方で国が管理しようとすることは誤りだ。

漁獲規制を実行しても、漁獲量が減少し続けるものがある。それらの多くは長期的で予測不可能な自然環境の変化が強く影響している可能性がある。筆者は「資源は管理できない、維持するだけである」と三十年以上言い続けてきた。沖合の大量・無差別・大規模漁業に対しては漁業管理が必要であると言い続けている。

「結局、何もしないのがよいということか」と聞かれて、筆者はその通りだと思った（177ページ）。大学の研究者や国がいくら何を言ったって漁村には関係ない。自分たちでやるべきことはやってきたし、やっている。

根拠地としての漁村

日本中、あちらこちらで漁村が消えつつある。なるようにしかならないけど、漁場を守ったことで続いている漁村もある。

「ロッカショ工場を止めませんかイベント＆パレード」（2008）。

水口憲哉（二〇一七）「人新世の相互扶助論」では、以下のように書いた。

〈ヒトがこのままゆくと少子高齢化で先行き不安と再生産率を心配するのは人新世の皮肉というかヒトが動物的でなくなるとみなしていることでもある。生き続ける知恵を試されているとも言える。（略）核廃絶や原発モラトリアムを考える人々は子や孫の世代での完全な実現を願うことが多い。子や孫たちへ核のない世界をというのは利他主義であり、世代を超えた相互扶助でもある。〉

第Ⅲ章13で、青森県六ヶ所村の再処理工場稼働に反対する日比谷野音と銀座でのパレードを紹介した。筆者は生活クラブ生協から依頼されて、全国四〇カ所くらいを講演した。「海に放射能を捨てるな」という声が最初に上がったのは海のない山梨県からだった。

それまでは漁業者と生協とサーファーの連携は考えもつかなかった。筆者らが活動してきたことの結果として新しい人のつながりができた。核施設の問題を自分たちで考えて、自分たちで動き始めたのが重茂漁協だ。生活クラブ生協と話が合ったのだろう。重茂漁協から「生協に相談するから大丈夫です」と断られた（111ページ）のは、二者をつなげたこちらとしてはそれでいいということになる。

青森、宮城、福島、北海道、茨城もみんな核施設があるのに、岩手県にだけないのは住民の行動の結果だ。パレードの翌日、八十万人の署名をもって国会で集会を開いた。いまだもって再処理工場はまともに動いていない。

総有の漁業権を管理している漁業協同組合の、迷惑施設の拒否権者としての存在意味は大きい。売上が小さくとも、漁業が続いていれば漁業権は消えない。漁協がなくなり漁民がいなくなると、漁業権もなくなる。

変わっていく世の中で

本書では漁業センサスの最新資料を利用しているが、状況はどんどん変わっていく。二〇二五年に次の漁業センサスが公表されることになっている。しかし、子どものにぎわいを算出できる数字が将来的に漁業センサスから無くされてしまう可能性がある。今回、子どものにぎわいを出せたのはギリギリのタイミングだったかもしれない。

水口憲哉（一九八六）『反生態学』には次のように書いている。

〈一つのことに固執しないで小さく色々な細々としたことをやっていくのが長続きするんじゃないか。結果として元気なのじゃないか。（略）一人ひとりの漁民が、自らの暮らしを問いながら、そして漁民として暮らし続けることを求めているわけである。（略）結局、自分が暮らしてゆくことを大切にしているということになる。ただし、共生を意識して自分が暮らしてゆくことをつくりあげようとしている。〉

本書では〝こうすれば〈元気な漁村〉になれますよ〟とは言っていないし、言えない。ただ、今まで顧みられなかった知られざる事実を発掘して伝えた。

そこから先どうするかは、やはり読む人に考えてもらうしかないのである。

Barcas,S.　Forces of Reproduction ：Notes for a Counter-Hegemonic Anthropocene 〈Cambridge Elements Environmental Humanities〉
●バークスほか（1989）
Barkes,F.Feeny,T.McCay,B.J. and Acheson,J.M.　The benefits of the commons 〈Nature〉 340:91~93
●バークス（1977）
Berks,F.　Fishery Resource use in a Subarctic Indian community 〈Human Ecology〉 5:289-307
●デューレンバーガーとキング編（2000）
Durrenberger,E.P. and King,T.D eds　State and Community in Fisheries Management Power,Policy and Practice 〈Bergin and Garvey〉
●カランド（1995）
Kalland,A.　Fishing Villages in Tokugawa Japan 〈Curzon Press〉
●カランド（1981）
Kalland,A.　Shingu：A Japanese Fishing community 〈Routledge〉
●マッケボイ（1986）
McEvoy,A.F.　The Fisherman's Problem：Ecology and Law in the California Fisheries 1850~1980 〈Cambridge University Press〉
●ラドルとサトリア編（2010）
Ruddle,K. Satria,A.eds　Managing Coastal and Inland Waters：Pre-existing Aquatic Management Systems in Southeast Asia 〈Springer〉
●ラドル（1996）
Ruddle,K.　Boundary definition as a basic design principles of traditional fishery management system in Pacific Islands 〈Gegraphische Zeitschrift〉 84 Jahrg.,H,2 94-102
●ワタナベ（1972）
Watanabe,Hitoshi　The Ainu Ecosystem：Environment and Group Structure 〈University of Washington Press〉
●ヤマムロほか（2019）
Yamamuro,M. Komuro,T. Kamiya,H. Kato,T. Hasegawa,H. Kameda,Y. Neonicotinoids disrupt aquatic food webs and decrease fishery yields 〈Science〉 366(6465)620-623

本文中に書名表示のない引用文献（各町村史は省略）

●岡 檀（2013）『生き心地の良い町 この自殺率の低さには理由（わけ）がある』 講談社

●漁業センサス 農林水産省 2018 年 漁業センサス報告書 第 4 巻漁業地区編 ※1954 年から5年ごとに子どものにぎわいが算出できる。

●県勢 データで見る県勢 2020 年版 矢野恒太記念会編集・発行(2019)

●国勢調査 総務省統計局 2020 年国勢調査人口推計
※5年おきに実施される。2015 年調査も一部使用。

●澤田佳世（2005）「米軍統括下沖縄の出生力とその抑制手段の転換」「人口学研究」日本人口学学会 36 号 P.23 ～ P.40

●水産事項特別調査 農商務省（1894）

●浜本幸生（1980）漁業法の解説 P.153 ～ P.291 平林平治・浜本幸生『水協法・漁業法の解説』漁協経営センター出版部

●水口憲哉（2017）「人新世の相互扶助論」「現代思想」青土社 2017 年 12 月号 P.206 ～ P.220

●水口憲哉（1990）「漁村における資源維持の論理」漁業経済学会第 37 回大会報告要旨

●水口憲哉（1989）『海と魚と原子力発電所―漁民の海・科学者の海』一般社団法人農山漁村文化協会

●藻谷浩介（2017）「東京は人口を吸い込むブラックホール―相互扶助の気風こそ少子化逆転の鍵」「Journalism」朝日新聞社 No.326(7 月号) P.14 ～ P.25

●山内昌和ほか（2020）「沖縄県の合計出生率はなぜ本土より高いのか」山内昌和・西岡八郎・江崎雄治・小池司朗・菅桂太「地理学評論」日本地理学会 93 巻 2 号 P.85 ～ P.106

未和訳の英文文献

●アキミチとラドル（1984）
Akimichi,T. Ruddle,K. The historical development of territorial rights and fishery regulations in Okinawan inshore waters.37-83 Ruddle,K. and Akimichi,T (eds):Maritime institution in the Western Pacific 〈National Museum of Ethnology〉

●バルカ (2020)

著者紹介

水口憲哉　Kenya Mizuguchi
1941年中国・大連生まれ。農学博士。原発建設や開発から漁民を守る〝ボランティアの用心棒〟。千葉県いすみ市岬町在住。資源維持研究所主宰。東京海洋大学名誉教授。

既刊単著一覧

『釣りと魚の科学』（1974）産報出版
『反生態学』（1986）どうぶつ社
『海と魚と原子力発電所 ―漁民の海・科学者の海―』（1989）農山漁村文化協会
『魔魚狩り―ブラックバスはなぜ殺されるのか』（2005）フライの雑誌社
『放射能がクラゲとやってくる　―放射能を海に捨てるってほんと?』（2006）七つ森書館
『新版 魚をまるごと食べたい』（2007）七つ森書館
『桜鱒の棲む川―サクラマスよ、故郷の川をのぼれ！』（2010）フライの雑誌社
『これからどうなる海と大地―海の放射能に立ち向かう』（2011）七つ森書館
『淡水魚の放射能―川と湖の魚たちにいま何が起きているのか』（2012）フライの雑誌社
『原発に侵される海―温廃水と漁業、そして海の生きものたち』（2015）南方新社

元気な漁村　海を守り、にぎやかに暮らす
2025年1月31日発行
著者　水口憲哉
編集発行人　堀内正徳　　校正　西村亮一
印刷所　（株）東京印書館
発行所　（有）フライの雑誌社
〒191-0055 東京都日野市西平山2-14-75　Tel.042-843-0667　Fax.042-843-0668
http://www.furainozasshi.com/

Published/Distributed by FURAI NO ZASSHI　2-14-75　Nishi-hirayama,Hino-city,Tokyo,Japan　2025